Mechanism and Application of
the Streamer Discharge along the Insulation Surface

绝缘介质表面
流注放电机理及应用

孟晓波　王黎明　卞星明　梅红伟　编著

中国电力出版社
CHINA ELECTRIC POWER PRESS

内 容 提 要

本书由广州大学、清华大学深圳国际研究生院、华北电力大学的教师联合编著，旨在深入探究绝缘介质表面流注放电现象，揭示其放电机理及影响因素，并建立高时空分辨率的流注放电数理模型，为绝缘介质沿面放电机理的完善提供理论支撑。

全书共七章，内容涵盖了不同绝缘介质表面流注放电发展特性、介电常数和表面性能对沿面流注放电影响机理、绝缘子伞裙结构对沿面流注放电影响机理、绝缘介质表面流注放电到闪络放电发展机理、气压湿度对沿面流注放电影响机理、流注放电数理模型的建立和工程应用研究等方面，为我国电力设备的绝缘选材和伞裙结构设计提供了理论支撑，为复杂环境下电力设备外绝缘的设计提供了理论依据。

本书可供电气工程、物理和材料等领域的科研人员和工程师借鉴，也可供相关专业高等院校师生参考。

图书在版编目（CIP）数据

绝缘介质表面流注放电机理及应用 / 孟晓波等编著.
北京：中国电力出版社，2025.3. -- ISBN 978-7-5198-
9827-4

Ⅰ．TM21

中国国家版本馆 CIP 数据核字第 2025HZ6125 号

出版发行：中国电力出版社
地　　址：北京市东城区北京站西街 19 号（邮政编码 100005）
网　　址：http://www.cepp.sgcc.com.cn
责任编辑：赵鸣志（010-63412385）
责任校对：黄　蓓　马　宁
装帧设计：张俊霞
责任印制：吴　迪

印　　刷：北京天泽润科贸有限公司
版　　次：2025 年 3 月第一版
印　　次：2025 年 3 月北京第一次印刷
开　　本：787 毫米×1092 毫米　16 开本
印　　张：9
字　　数：189 千字
定　　价：60.00 元

前　言

　　绝缘介质沿面闪络是危害电力系统安全的灾难性事故之一。在多种复杂的工作环境中，绝缘材料所面临的沿面放电现象及其导致的绝缘破坏已成为电气工程领域的主要研究课题。流注放电作为沿面放电的一种重要形式，其发展机理、影响因素及其与后续闪络放电的关系已成为学术界和工程界普遍关注的焦点。

　　国内外对绝缘介质沿面闪络外特性进行了大量的研究工作，但对于可能揭示绝缘介质沿面闪络机理的流注放电过程研究却很少。为此，广州大学、清华大学深圳国际研究生院、华北电力大学联合相关合作单位，对这一领域展开了系统性的研究。研究揭示了绝缘材料表面流注放电高时空演变物理机理，深入分析了绝缘材料介电常数、表面状况、伞裙结构等材料性能对沿面流注放电的影响机理，探索了绝缘材料表面陷阱电荷和流注放电中空间电荷交互作用的机理，为电力设备绝缘选材和伞裙结构设计提供了理论支撑。通过研究不同环境因素下绝缘材料表面流注放电高时空演变物理过程，获得了环境因素对绝缘材料表面流注放电关键物理参量的影响，掌握了环境因素对流注头部碰撞电离效应和通道内电荷输运微观物理过程的影响机理，为复杂环境下电力设备外绝缘的设计提供了理论支撑。创新性地提出了气压、湿度与流注通道直径之间的数理关系，基于流体模型建立了高时空分辨率的流注放电数理模型，将数理模型误差降低到5%以内，为完善绝缘介质沿面放电机理和数理模型提供了理论依据。

　　为推进绝缘介质表面流注放电机理及应用研究成果的深层次转化与广泛推广，广州大学、清华大学深圳国际研究生院、华北电力大学等单位全面分析总结，孟晓波、王黎明、卞星明、梅红伟、曹针洪、林霖、庄伟生等同志精心编纂了本专著。我们真诚期待本书成为推进本领域科研发展的催化剂，赋能行业持续创新与发展。

　　在本专著的编写过程中得到了广州大学、清华大学深圳国际研究院、华北电力大学等单位的大力支持。清华大学关志成教授审阅了本书初稿，并提出评审和修改意见。本书出版得到了国家自然科学基金项目资助（52477138）、广州市科技计划项目资助（2024A03J0012）和广州大学教材出版基金资助，在此深表感谢！鉴于我们的专业水平与经验尚有局限性，本书若有不足之处，恳请广大读者提出批评与指正。

编　者

2024 年 6 月

目 录

绪　　论

♦ 第一节　绝缘介质表面放电研究的工程应用价值

我国经济快速发展，人民生活水平日益提高，电子计算机和各种精密电子设备大量出现在了生活和生产中，不仅对电能的需求更大，更对供电的质量提出了很高的要求。一旦电网发生电压波动、频率振动，甚至停电事故，对社会和经济发展造成的损失和影响不可估量。因此，必须确保电网安全可靠，为社会和经济的稳定、健康和持续发展提供坚强保障。

输电线路上绝缘子沿面闪络是危害电力系统安全的灾难性事故之一。我国能源和经济发展地域分布很不平衡，发展大容量和远距离输电是我国现阶段的特有国情的需要。很多已建成的和正在规划的特高压输电线路都要经过气候变化复杂地区，大量的绝缘子在大雨、覆冰、重污秽、低气压等情况下运行，因此，对绝缘子的绝缘水平提出了更高的要求。

国内外对输电线路绝缘子沿面闪络进行了大量的研究工作，获得了闪络电压与绝缘子长度、伞裙结构、气压、湿度等的关系曲线，但是对绝缘子沿面闪络的机理研究并不深入，很多闪络问题尚无法得到合理解释。特别是，近年来，复合绝缘子因其强度高、质量轻、污闪电压高、运行维护方便等优点，被大量应用于电力系统中。然而由于复合绝缘子运行时间短，沿面闪络机理的研究开展较晚，很多相关科学问题和技术问题亟待解决。

绝缘子沿面闪络包括一系列过程：高场强区域出现有效初始电子，有效初始电子在电场的作用下碰撞中性原子发生电离形成初始电子崩，电子崩头部发生光电离产生二次电子崩，从而发展成为流注并沿着电场方向传播。绝缘子长度较短时，当流注等离子通道贯穿间隙后，将引起火花或电弧放电；绝缘子长度较长时，流注通道不足以贯穿整个间隙，当流注发展到一定长度时，流注通道根部将积聚大量电子出现热电离产生先导通道，进而引起绝缘子沿面闪络。在整个绝缘子沿面闪络过程中，流注发展过程是先导和闪络前的重要阶段，对绝缘子沿面闪络有着重要的影响。

国内外科研人员对绝缘子沿面闪络机理尚未进行深入的研究，相关规律尚未完全掌握，特别是现阶段在电网中大规模应用的复合绝缘子的沿面闪络问题的研究工作刚刚开展，研究进行得不够深入。流注放电作为沿面闪络过程中最为复杂的一个阶段，流注的发展过程对沿面闪络有着重要的影响，获得复合绝缘子表面流注发展特性规律对于理解复合绝缘子整个沿面闪络过程，解释工程实际中的沿面闪络现象有着重要的意义。此外，加深对复合

1

绝缘子沿面闪络机理的认识，有利于合理设计和制造复合绝缘子，增强复合绝缘子抵抗复杂气候环境的能力，为我国电力系统的安全运行提供可靠的保障。

第二节　国内外流注放电机理及应用的研究现状

一、流注放电理论的发展

20 世纪初，英国学者汤逊（Townsend）在短间隙、低气压、均匀电场的条件下进行了气体放电实验，提出了以电子崩为基础的理论解释整个间隙的放电过程和击穿条件。但汤逊放电机理存在很大的局限性，对于大气压下间隙距离超过 1cm 的击穿过程不能进行预测。美国学者 Loeb、Meek 和德国学者 Raether 为了解释在进行高气压长间隙的气体放电试验时遇到的现象提出了流注放电理论。

流注放电理论认为在外加电场足够强时，有效初始电子在电场作用下碰撞中性原子发生电离形成初始电子崩；当初始电子崩发展到一定程度时，其头部的电荷会造成空间电场的畸变，并向周围空间发射大量的光子；附近气体分子在光子的碰撞下发生光电离产生二次电子，二次电子在主电子崩前方的电离区域中发展成为二次电子崩；二次电子崩头部的电子会在电场的作用下运动，与初始电子崩空间正电荷汇合成充满正负带电粒子的混合通道，此电离通道称为流注通道。流注通道具有很高的电导率，二次电子崩又为其头部补充了大量的正电荷，因此，流注发展方向上的电场被大大加强，会有更多的新电子崩产生，并不断地汇入流注通道，促使流注向前发展。此流注发展过程是从正极向负极进行的，所以称为正流注，反之，称为负流注。意大利学者 Gallimberti 提出的流注传播过程示意图如图 0-1 所示。电子的碰撞电离只能发生在电场强度 E 大于 26kV/cm 的电离区域内，因为只有在电离区域内电子的有效碰撞电离系数才大于零。

流注中气体的温度接近于周围气体的温度，而流注中电子的温度却是非常高的。流注中高速的电子在与空气中中性原子碰撞时动能的转换效率很低，电子在碰撞中损失的能量很小，因此，造成流注中电子和周围空气的温度差异很大。短间隙中流注通道的直径为 10～50μm，而长间

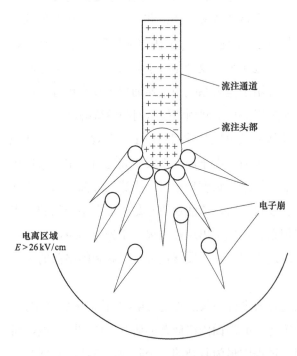

图 0-1　流注传播过程示意图

流注通道　流注头部　电子崩　电离区域 $E>26\,kV/cm$

2

隙中流注通道的直径会因为径向扩散而更大一些。正流注和负流注放电的形貌存在很大的差异。正流注前方拥有一个发光强度很亮的流注头部，在传播过程中可能会保持单个流注通道的形态，不过大多数时候会有分叉，而负流注的形态要比正流注复杂很多。此外，正负流注在传播速度上也有很大的不同，正流注的传播速度远大于负流注的传播速度。这是因为负流注中电子的运动受到电子崩留下的正电荷的牵制，其发展速度相比正流注偏小。

流注头部电荷造成的空间电场强度的增强可以使流注在外加电场远低于电晕起始场强的条件下向前传播。正负流注传播所需的电场强度是不相同的，标准大气压下，空气间隙中正流注稳定传播所需的电场强度是 4.5～5kV/cm，而负流注稳定传播所需的电场强度要大很多，为 10～20kV/cm。正流注稳定传播所需的电场强度远小于负流注所需的电场强度，是因为正流注头部的正电荷加强了前方的空间电场，有利于正流注的传播，而空间正电荷的存在会减弱负流注前方的空间电场，阻碍负流注的发展。正流注传播所需电场强度 5kV/cm 非常接近空气间隙在直流电压或雷电冲击电压作用下击穿时的平均电场强度。因此，正流注传播所需电场强度被国际电工委员会（International Electrotechnical Commission，IEC）作为空气间隙击穿电场强度进行空气密度和湿度校正的基准值。挪威学者 Sigmond 通过研究发现当初始流注贯穿间隙后，其后有时会产生一个二次流注，二次流注会沿着初始流注的路径传播，空气间隙的击穿一般发生在二次流注贯穿间隙之后。当间隙距离不大（小于 1m）时，初始流注贯穿间隙所需的电场强度和间隙击穿所需的电场强度很接近，因此，在工程应用中，小间隙能否击穿可以用初始流注能否贯穿间隙作为判据。

二、空气中流注放电研究现状

空气间隙中负流注形貌比较复杂，也不易进行测量和研究，所以针对负流注的研究工作很难开展，负流注的发展特性研究较少。国内外研究者对空气中的流注发展特性的研究基本都是以正流注为研究对象开展的（本书中提到的流注不作说明都是指正流注）。测量空气间隙中流注的方法主要包括：利用光电倍增管测量流注传播的长度和速度；利用 ICCD 和 CCD 相机拍摄流注发展过程，可以得到流注通道直径和形状、流注分叉数目、流注传播速度等参数；利用采样电阻和罗哥夫斯基线圈（Rogowski 线圈）测量流注电流，从而得到流注头部电荷和电动势。随着计算机技术的发展，很多研究者开始使用仿真计算模型研究流注放电的特性。大多数研究者都采用流体模型进行流注传播过程的仿真，但也有一些研究者采用分形几何学和蒙特卡罗方法研究流注放电过程。

研究者利用上述研究手段对空气中流注传播特性进行了深入的研究。英国学者 Allen 发现空气中流注传播到达阴极所需的场强不能低于 4.4kV/cm，流注的传播速度随着外加场强的增加逐渐增加。此外，Allen 还发现在均匀电场中流注很少分叉，可以忽略由于流注分叉造成的空间电荷对流注传播过程的影响，因此，后续有很多研究者采用三电极系统研究均匀电场中的流注传播过程。在 1999 年，英国学者 Allen 提出流注传播到达阴极概率为 97.5%的外加电场强度为流注稳定传播场强，在流注稳定传播场强作用下流注的传播速度为稳定传播速度。同时，还发现三电极系统中针电极上为触发流注产生所加的正脉冲电压对流注稳定传播场强和流注稳定传播速度都有很大影响，流注稳定传播场强/速度与脉冲电压幅值成线性反/正比例关系，与脉冲宽度也成线性反/正比例关系。

荷兰学者 Briels 利用增强电荷耦合器件相机（ICCD 相机）研究了空气中正流注和负流注通道的直径、分叉情况和放电形貌，利用电流探头和电压探头测量了正负流注的能量，发现负流注传播所需场强远大于正流注的传播所需的场强，与此同时负流注的传播速度大约比正流注的传播速度小 25%，而正负流注在通道直径和能量上基本相同。瑞典学者 Gao 利用 Rogowski 线圈测量了空气中流注放电的电流，通过积分得到了空气中流注头部电荷量，为流注仿真提供了重要的参数。

三、绝缘介质表面流注传播特性研究现状

在高场强的作用下，绝缘介质表面会带电荷。大量的研究者都试图去解释绝缘介质在电场作用下带电的原理，其中三结合点处电子发射是比较有代表性的。研究者认为绝缘介质和电极接触的位置可能会存在微小的缝隙，将会导致电场在此处畸变（见图 0-2），从而导致三结合点处容易产生电晕向周围发射电子。从微观角度看，电极板和绝缘介质上都会存在毛刺，毛刺会畸变其周围电场，从而造成局部电晕。三结合点处发射电子使绝缘介质带电的原理如图 0-3 所示。当电子沿外加电场方向运动时，会撞击介质表面产生二次电子，被释放的二次电子会与周围空气分子碰撞或再次撞击介质表面产生更多的电子，这个过程不断重复将导致绝缘介质表面带电。一般而言，对间隙施加正直流高压，绝缘介质表面带正电荷；对间隙施加负直流高压，绝缘介质表面带负电荷。表面电荷将对后续沿面闪络的过程产生影响，国内外很多学者都进行了绝缘介质表面电荷对沿面闪络影响的研究。

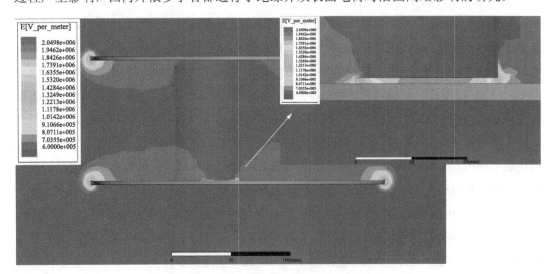

图 0-2　绝缘介质和电极间微小缝隙电场分布

相对于绝缘介质沿面闪络的研究来说，对绝缘介质表面流注传播特性的研究很少，处于刚刚起步阶段。当绝缘介质被加入到空气间隙中时,绝缘介质和周围的空气都对流注的传播过程有影响,特别地,在高场强作用下绝缘介质表面带电的现象更将使绝缘介质表面流注放电特性的研究变得异常复杂。从目前的研究结果来看,绝缘介质对流注放电发展的影响尚未得到一致的结论,甚至对绝缘介质的存在是增加还是减少了空气电离都存在很大的争议。

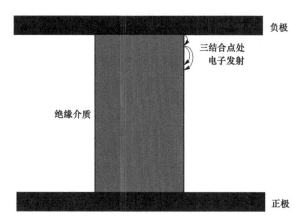

图 0-3　三结合点处发射电子使绝缘介质带电的示意图

　　Allen 在 1999 年利用光电倍增管研究了几种绝缘介质表面流注的传播特性,发现绝缘介质表面流注稳定传播所需场强大于空气中流注的稳定传播所需场强。绝缘介质表面流注拥有"沿面"分量和"空气"分量两个分量,Allen 推测"沿面"分量沿着绝缘介质传播,"空气"分量在空气中传播,其中"沿面"分量的速度大于空气中流注的传播速度,而"空气"分量的速度小于空气中流注的传播速度。他还发现不同绝缘介质表面流注稳定传播所需场强和传播速度存在差异,说明绝缘介质的材料特性对流注传播过程也有很大的影响。可是他并未深入研究绝缘介质的材料特性对流注的传播过程的影响机理,究竟是绝缘介质的哪种材料特性对流注的传播产生了影响并不清楚。同时,也不能合理地解释为何绝缘介质表面流注稳定传播特性与空气中流注的传播特性存在差异。此外,绝缘介质表面流注两个分量的照片也未拍到,因此,不能确定绝缘介质表面流注"沿面"分量和"空气"分量的具体路径。

　　瑞典学者 Akyuz 通过 Rogowski 线圈测量了空气中和绝缘介质表面流注放电的电流大小,并建立了几种流注电荷分布模型来计算流注电流曲线。通过对比仿真结果与试验结果,发现绝缘介质表面流注的电荷分布在整个流注通道上,而空气中流注的电荷基本上都在流注头部,因此,作者猜测绝缘介质表面流注的电荷在传播过程中大量附着在绝缘介质表面。加拿大学者 Ndiaye 研究了冲击电压作用下冰表面流注的起始及其后续传播特性,发现冰层厚度、结冰水电导率、外界环境温度和高压电极的直径都对流注的起始和后续的传播过程有影响。

综上所述，绝缘介质表面流注传播特性的研究还不深入，很多问题都尚未有合理的解释。此外，大多数研究开展得较早，试验设备和研究手段都比较落后，而且由于当时复合绝缘子应用不多，所以很少有研究者将复合绝缘子作为研究对象。因此，有必要对绝缘介质表面流注传播特性进行深入的研究，并着重研究和分析硅橡胶表面流注的传播特性。掌握绝缘介质对流注发展特性的影响机理，将有助于认识和理解绝缘介质沿面闪络的过程和机理，为建立绝缘介质沿面放电模型提供理论支持。

四、带伞裙绝缘子表面流注传播特性研究现状

合理设计复合绝缘子伞裙结构可以提高沿面闪络电压，保证输电线路供电的安全性和可靠性。国内外研究者针对复合绝缘子伞形结构对沿面闪络的影响进行了大量的研究，根据试验结果对绝缘子的伞裙结构进行了优化，提高了绝缘子的绝缘强度。然而绝缘子伞裙结构对沿面预放电（流注放电）特性的影响却很少有人研究，迄今为止，只有少数文献资料研究了绝缘子伞裙结构对流注发展特性的影响。

英国学者 Allen 对比研究了光滑圆柱形绝缘子和带伞裙绝缘子表面流注传播特性，发现带伞裙绝缘子表面流注稳定传播所需的电场强度比光滑圆柱形绝缘子表面流注稳定传播所需的电场强度大很多。带伞裙的绝缘子表面流注传播也拥有两个分量，"空气"分量和"沿面"分量，与光滑圆柱形绝缘子的流注传播情况类似。但是其流注"沿面"分量在伞裙处受到阻挡，不能越过伞裙发展到达阴极板，只有"空气"分量能够越过伞裙到达阴极板。英国学者 Pritchard 在此基础上更进一步研究了 3 种不同伞裙形状绝缘子表面流注传播特性的差异，发现伞裙弧度大的绝缘子表面流注传播所需的电场强度较小，传播速度较快。

不过这些研究中所采用的伞裙结构都比较简单，尚未考虑伞裙直径、位置、组合等因素的影响。此外，由于当时试验条件的限制，研究者们也没有拍摄到清晰的带伞裙绝缘子表面流注传播的照片，所以无法得知流注在沿绝缘子表面传播时的路径情况。因此，有必要深入研究复杂伞裙结构和流注传播特性的关系，获得不同伞裙结构绝缘子表面流注传播路径，这样就可以更好地从抑制和阻挡流注放电的角度优化复合绝缘子的伞裙结构，从而大幅度地提高复合绝缘子运行的可靠性和经济性，保证电网供电安全。

五、绝缘介质表面流注放电到闪络放电的发展机理

许多科研工作者研究了绝缘介质表面的流注放电和闪络放电特性。然而，对绝缘介质表面流注放电到闪络放电的中间发展过程研究较少，流注放电与闪络放电的关系还没有得到系统的研究。华北电力大学律方成教授利用光电倍增管、电场测量传感器、高速照相机研究了长空气间隙流注到先导转化过程中的发光强度、空间电场强度变化，发现流注转变为先导时空间电场会有一个跳变，电场强度增加了 162.59kV/m，为长间隙放电先导的起始提供了一个改进型的判据。不过，绝缘介质表面流注放电到闪络放电的发展过程尚不明晰，绝缘介质表面流注放电与闪络放电的关系尚未揭示。因此，有必要开展流注放电到闪络放电的发展过程研究，揭示绝缘介质表面闪络放电的物理机理，从理论上支撑输变电设备的外绝缘设计和优化。

六、气压、湿度对流注传播特性影响机理的研究现状

在建和规划的特高压输电线路距离很长，大都要跨越高海拔地区。沿输电线路上的气象环境复杂，输电线路上绝缘子运行中不仅要面对海拔升高、气压降低造成的问题，还要面对山区昼夜温湿度变化大所带来的问题。为使绝缘子能够在复杂环境下正常运行，气压、湿度对绝缘子沿面闪络的影响机理一直是高压外绝缘领域研究的热点问题，国内外专家针对这一问题进行了大量的研究工作。可是大量的工作都是研究气压、湿度与绝缘子沿面闪络电压之间的关系，尚未涉及预放电阶段（流注放电阶段）。从目前的状况看，国内外都还未对气压、湿度对绝缘介质表面流注发展特性的影响进行研究，气压、湿度等大气参数对绝缘介质表面流注传播特性的影响机理尚不清楚。

国内外有少数研究者进行了空气间隙中流注传播特性随气压、湿度变化的研究。哥伦比亚学者 Geldenhuys 和 Calva 分别通过改变气压和在海拔 2 240m 处进行棒—板结构下空气击穿试验，得到了正流注平均传播场强的经验公式。俄罗斯学者 Pancheshnyi 在气压 0.10～0.04MPa 研究了正流注的传播特性，试验和仿真结果显示随着气压的降低流注头部场强基本保持不变，而电子密度有明显的减小，此外，还发现流注通道的直径与气压负相关。俄罗斯学者 Aleksandrov 对比了增大温度和减小气压两种方法改变空气密度，在相对空气密度一样的情况下，流注稳定传播所需场强也有所不同，主要原因是减小气压导致减小了附着过程发生的速率，而增大温度会导致正离子簇分解从而减小了电子和离子的复合速率，这两方面的影响都会降低流注传播所需场强，可是它们作用于流注传播特性的机理是不相同的。希腊学者 Mikropoulos 对空气间隙中流注传播特性随湿度的变化规律进行了研究，发现随着空气湿度的增加，流注稳定传播场强增加，相同电场强度下流注的传播速度也增加。而清华大学惠建峰博士的研究表明流注稳定传播场强随着湿度的增加而增加，而流注的传播速度则随着湿度的增加而减小。因此，国内外专家在湿度对空气中流注传播速度的影响上存在分歧，需要进一步论证。

国内外专家在气压、湿度对空气中流注传播特性影响机理上进行了一定的研究工作，可是在一些核心问题上还有一定的分歧。当绝缘介质加入间隙中后，流注的传播过程将变得更加复杂，不仅要考虑气压、湿度的影响，还要考虑绝缘介质的影响，所以气压、湿度对绝缘介质表面流注传播特性的影响机理的研究工作存在很大难度，国内外基本都未对这一问题进行研究。因此，进行气压、湿度对绝缘介质表面流注传播特性影响机理的研究工作是很有必要的。针对这一问题的研究结果，不仅有利于加深气压、湿度对绝缘子沿面闪络特性影响机理的理解和认识，也能为复杂气象条件下输变电设备外绝缘设计提供理论和试验依据。

七、流注放电数理模型的研究现状

在气体放电研究中，传统经验模型虽能在一定程度上与实验现象相符，却未能深入揭

示放电现象的物理本质。由于放电现象本身涉及一系列复杂过程并具备一定的随机性过程，经验模型具有明显的局限性。因此，许多学者投入大量精力，致力于深入探索气体放电现象的微观物理本质，并努力构建能完整、精确描述气体放电现象的数理模型。

近年来，随着高性能计算机和数值算法的发展进步，利用构建数理模型的方式研究各种微观粒子的产生、运动、消失机制已成为当下流注放电仿真研究的热点方向。许多国内外学者对流注放电的仿真建模与求解进行了深入研究，提出并发展了多种数理模型和求解算法，如有限差分法和有限元法等，并对模型进行了试验验证，有效确保了模型数据的准确性和可靠性。

其中，英国学者 Davies 首次提出了描述气体放电过程的流体模型，该模型中的方程是对流占优的对流扩散方程，由于流注放电过程中粒子分布在空间上变化巨大，因此对算法的精度要求很高。为解决有限差分法求解此类方程时存在的数值扩散和数值色散问题，美国学者 Kunhardt 引入了英国学者 Lohner 等人提出的通量运输校正方法，而英国学者 Geogiou 则将 FCT 方法引入到有限元法中。

这些模型和研究主要着重于揭示流注放电的基础机制，例如电荷积累和放电路径的形成，并进行了大量的参数研究，探讨了电场强度、温度、压力等不同参数对流注放电行为的影响，有助于我们更加深入地理解和预测不同工况下的流注放电特性。

此外，高级数值模拟方法，如有限元分析和蒙特卡罗模拟，也被广泛应用于流注放电过程的模拟，成为探究流注放电微观行为的有力工具。这些方法使研究者在无法直接实验观察的情况下，也能深入洞悉流注放电的过程。

为推动流注放电研究的发展，科研工作者正在努力发展一套能够更加准确描述流注放电行为和动力学的数理模型，以更深入地理解流注放电与电气绝缘材料之间的复杂相互作用。

🖌️ 第三节　绝缘介质表面流注放电机理及应用研究梗概

本书主要内容包括以下六部分：

一、不同绝缘介质表面流注放电发展特性

揭示了绝缘材料表面流注放电高时空演变物理机理，深入分析了绝缘材料介电常数、表面状况等材料性能对沿面流注放电的影响机理，探索了绝缘材料表面陷阱电荷和流注放电中空间电荷交互作用的机理，为电力设备绝缘选材和设计提供了理论支撑。

二、介电常数和表面性能对沿面流注放电影响机理

利用试验定量描述绝缘介质的介电常数和表面性能（电荷积累和附着、光致电子发射的能力）对沿面流注稳定传播场强和传播速度的影响，定量明确了绝缘材料介电常数、表面状况等材料性能对沿面流注放电的影响程度。开展了涂抹 RTV 涂料的尼龙片表面流注传播特性试验，从流注放电机理上论证了 RTV 涂料对绝缘介质沿面放电的抑制效果，为定量评估 RTV 涂料的绝缘性能提供了技术手段。

三、绝缘子伞裙结构对沿面流注放电影响机理

获得了伞裙大小、形状、位置、组合等对绝缘材料表面流注放电关键物理参量的影响，明确了不同伞裙结构下绝缘材料表面流注放电高时空物理机理，掌握了利用伞裙结构抑制流注放电发展的理论基础，提升了电力设备外绝缘的伞裙设计水平。

四、绝缘介质表面流注放电到闪络放电的发展机理

获得了流注放电到闪络放电的光特征演变过程，提出了气隙击穿的理论判断依据，明确了流注放电稳定传播场强、传播路径与后续闪络放电击穿电压、电弧路径的影响关系，掌握了伞裙结构对流注放电和闪络放电的影响机理，为绝缘设备的闪络研究提供了理论和试验基础。

五、气压湿度对沿面流注放电影响机理

研究了不同环境因素下绝缘材料表面流注放电高时空演变物理过程，获得了气压、湿度等对绝缘介质流注放电关键物理参量的影响，掌握了环境因素对流注头部碰撞电离效应和通道内电荷输运微观物理过程的影响机理，为复杂环境下电力设备外绝缘的设计提供了理论支撑。

六、流注放电数理模型的建立和工程应用

基于流体模型建立了高时空分辨率的流注放电数理仿真模型，充分考虑了外电场影响下放电空间带电粒子的扩散、漂移，以及电离、附着、复合、解离等多种物理过程。创新性地提出了气压、湿度与流注通道直径之间的数理关系式，将数理模型误差降低到 5% 以内，为完善绝缘介质沿面放电机理和数理模型提供了理论支撑。流注放电数理仿真模型可应用于电力系统绝缘材料沿面闪络放电事故事件的现场分析和诊断，提升特高压套管、绝缘子、干式电抗器等关键设备绝缘设计和运维水平。流注放电数理仿真模型可用于电力设备绝缘的设计和选型，制定合理的电力设备绝缘沿面闪络防治措施，为超特高压输电工程的顺利设计和建设提供理论基础和技术支持，推动输电技术的进步与电工学科的发展。

第一章

不同绝缘介质表面流注放电发展特性

相对于空气中流注传播特性的研究来说，绝缘介质表面流注传播特性研究得不多，还有很多问题亟待解决。本章利用"三电极"结构，在均匀电场中研究了空气中和六种不同绝缘介质表面流注的传播特性；利用光电倍增管系统和紫外分析仪测量了空气中和绝缘介质表面流注传播路径、稳定传播场强、传播速度及头部发光强度；分析了绝缘介质表面流注传播过程与空气中流注传播过程存在差异的原因；对比了六种绝缘介质流注传播特性，深入探讨了材料特性对流注发展过程影响的作用机理，定性分析了介电常数和绝缘介质表面性能对流注传播特性的影响机理。

第一节 流注传播特性试验模型及光电倍增管测量系统

在绪论部分介绍了电晕（流注）起始的电场强度为 26kV/cm，而空气中正流注稳定传播的电场强度为 4～5kV/cm。在两平板电极产生的均匀电场中，当电场强度可以促使电晕（流注）产生时，流注肯定可以稳定传播，而此时，平板间隙很可能会击穿放电。如果将一个针电极加入其中一个平板中间（与平板绝缘），并在针电极上施加一个较低的电压触发电晕（流注）产生，就可以在外加电场强度接近甚至低于流注稳定传播所需的电场强度下研究流注的传播过程，这就是三电极结构的原理。

流注传播特性试验模型及光电倍增管测量系统示意图如图 1-1 所示。三电极结构包含两个平行板电极和一个针电极。平行极板的直径为 250mm，上下极之间的距离为 100mm；上极板施加负极性直流电压，下极板接地，在两个平行极板间将产生一个近似的均匀电场；上极板所加负直流高压通过电阻分压器分压后经由同轴电缆接入电压测量仪表；针电极位于接地极板中心的圆孔（直径 10mm）处，针尖略高于下极板平面，并与下极板绝缘；光滑圆柱形绝缘介质（直径 50mm）垂直放置于两平行极板之间。

利用脉冲形成线原理设计了一套正方波脉冲电源，可产生一个幅值可调（0～6kV），脉宽通过改变电缆长度可调（100～250ns）的方波脉冲，如没有特别说明，本书试验中针尖所加脉冲宽度为 150ns，脉冲幅值为 4kV。将方波脉冲信号施加于针电极上，从而引起针尖放电，产生正极性流注沿着绝缘介质表面向上极板发展。方波脉冲经由泰克的高压探头分压后接入 4 通道 2GHz 的安捷伦示波器，并作为示波器的触发信号。方波脉冲的脉宽足够窄（纳秒级）就可以保证在方波脉冲作用时针电极只触发一个流注产生。

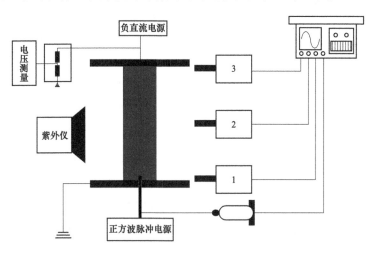

图 1-1　流注传播特性试验模型及光电倍增管测量系统示意图

流注发展过程中头部会有强烈电离，并向空间辐射光子，因此，可以用光电倍增管接收流注头部辐射的光子，从而监测流注的发展过程。三个前面带有宽度 1mm 窄缝的光电倍增管（型号：9783B）分别对准针尖、平行板电极中间位置、上极板的下表面。当流注放电产生时，1 号光电倍增管首先接收到流注头部辐射的光子，并产生一个脉冲信号，通过同轴电缆传输至示波器中。如果外加电场强度足够大，流注可以继续向上发展，2、3 号光电倍增管也会接收到流注头部辐射的光子，产生脉冲信号传入示波器中。通过观察 3 个光电倍增管的输出信号，就可以判断流注发展的长度，确定流注是否能发展到达上极板。紫外分析仪也被放置在一旁，采用录像模式拍摄流注传播过程。

试验时，室内温度稳定在 20℃左右，相对湿度保持在 60%左右，气压为标准大气压，试验地点为深圳。试验中用到了六种绝缘介质，如图 1-2 所示，分别是尼龙、硅橡胶、有机玻璃、聚甲醛、聚四氟乙烯、陶瓷。同时，对空气中的流注发展特性也进行了测量，用作绝缘介质表面流注发展特性的参照。

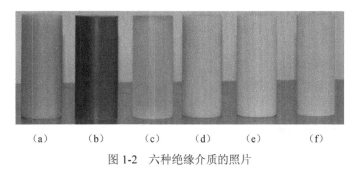

（a）　　　　（b）　　　　（c）　　　　（d）　　　　（e）　　　　（f）

图 1-2　六种绝缘介质的照片

（a）尼龙；（b）硅橡胶；（c）有机玻璃；（d）聚甲醛；（e）聚四氟乙烯；（f）陶瓷

第二节 空气中和绝缘介质表面正流注 发展特性试验结果

一、流注传播场强

不同场强下的流注传播概率是流注传播特性中很重要的参数，有利于认识流注发展过程。流注传播概率的测量方法简述如下：保持针电极上脉冲电压的幅值为 U_{pulse}，逐渐升高平行极板之间所施加的直流电压 U_{app}。在每个电压值下，施加 20 次脉冲，每次脉冲间隔为 20s，以保证上一次流注放电残留的离子充分扩散。假设对准负极板的 3 号光电倍增管接收到 n 次脉冲信号，则该电压值所对应的流注在平行极板间传播到负极板的概率为 $n/20$。随着两平行板间电压逐渐升高，流注的传播概率从 0% 逐渐增大到 100%。

不同绝缘介质表面流注传播概率随外加电场强度的变化曲线如图 1-3 所示。将试验数据利用高斯分布公式 [见式（1-1）] 进行拟合。可以得到流注传播概率随电场强度变化的统计分布曲线。

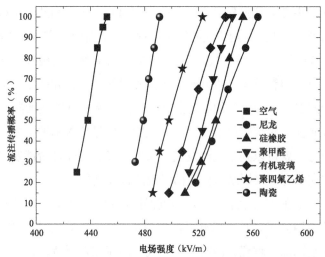

图 1-3 空气中和绝缘介质表面流注传播概率随外加电场强度的变化曲线（脉冲幅值 4kV）

$$y = y_0 + \frac{A}{\omega\sqrt{\pi/2}}e^{-2\frac{(E-E_c)^2}{\omega^2}}\qquad(1\text{-}1)$$

式中 E ——电场强度；

       E_c ——电场强度的均值；

       ω ——方差；

       y ——流注传播概率；

       A、y_0——待定系数。

英国学者 Allen 将流注传播概率为 97.5% 的电场强度定义为流注稳定传播场强 E_{st}，本书采用此定义。空气中和绝缘介质表面流注稳定传播场强随脉冲幅值的变化如图 1-4 所示。从图 1-4 中可以看出，空气中和绝缘介质表面流注稳定传播场强都和脉冲幅值成线性关系，随着脉冲幅值的增大，流注稳定传播场强减小。简单分析原因：外加脉冲电源的幅值越大，流注初始获得的能量就越高，从而使得后续的流注传播更加容易，因此所需的稳定传播场强较低。若增加脉冲电压的持续时间（即脉宽），流注从脉冲电源中获取的能量也会相应增加，进而导致流注稳定传播所需的场强进一步降低。表 1-1 给出了幅值 4kV，脉宽 150ns 和 220ns 的方波电压作用下空气中和硅橡胶表面流注稳定传播场强，发现脉宽增加时，流注稳定传播场强降低，证明了上述观点的正确性。此外，从图 1-4 中也可以看出绝缘介质表面流注传播所需要的电场强度远远大于空气中流注传播所需要的电场强度。流注的传播明显受到绝缘介质的影响，不同的绝缘介质表面流注的稳定传播场强存在较大差异。

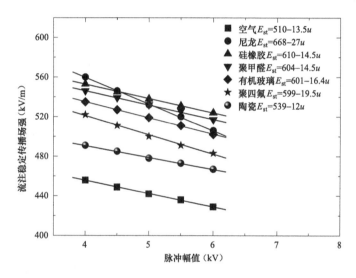

图 1-4　空气中和绝缘介质表面流注稳定传播场强随脉冲幅值的变化

表 1-1　　　　　　　　　不同脉宽的方波电压作用下流注稳定传播场强

材　料	E_{st}（kV/m）脉宽 150ns	E_{st}（kV/m）脉宽 220ns
空　气	456	445
硅　橡　胶	553	534

在图 1-4 中给出了拟合曲线和公式，所用的拟合公式为

$$E_{st} = E_0 - \alpha u \tag{1-2}$$

式中　E_{st}——流注稳定传播场强，kV/m；

　　　E_0——脉冲幅值 u 为 0 时流注的稳定传播场强，kV/m；

　　　u——脉冲幅值，kV；

　　　α——待定系数，m^{-1}。

二、流注传播路径

根据前面的介绍，光电倍增管可以监测流注的发展，并输出脉冲信号到示波器中。光电倍增管监测空气中流注发展过程输出的波形图如图 1-5 所示。光电倍增管监测硅橡胶表面流注发展过程输出的波形图如图 1-6 所示，其他绝缘介质的波形图类似。从图 1-5 和图 1-6 中可以发现，当外加电场强度大于流注稳定传播场强时，绝缘介质表面流注发展到达间隙中部、阴极板时有两个分量，如图 1-6 所示 2 号、3 号光电倍增管捕捉到了两个光脉冲信号，而空气中流注发展过程中光电倍增管自始至终都只捕获到一个光脉冲信号。英国学者 Allen 最先发现这个现象，并将绝缘介质表面流注的两个分量分别定义为"沿面"分量和"空气"分量，其中发展速度快的为"沿面"分量，发展速度较慢的为"空气"分量。绝缘介质表面流注"沿面"分量的速度大于空气中流注的传播速度，而"空气"分量的速度小于空气中流注的传播速度。

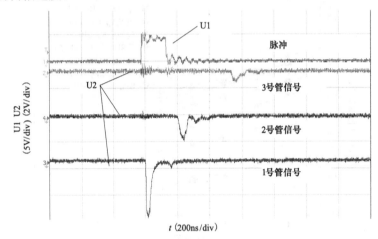

图 1-5 光电倍增管监测空气中流注发展过程输出的波形图（E=500kV/m）

U1—脉冲电压信号；U2—光电倍增管信号

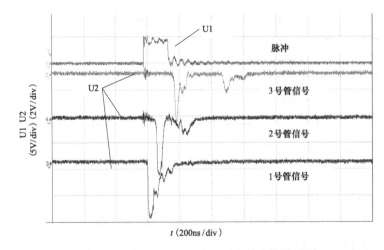

图 1-6 光电倍增管监测硅橡胶表面流注发展过程输出的波形图（E=600kV/m）

由于 Allen 当时试验时所用的放大器（放大光电倍增管输出信号）带宽较小，因此，他得到的绝缘介质表面流注发展过程中光电倍增管输出的波形失真比较厉害，"沿面"分量和"空气"分量不仅很难区分（有部分波形重合），而且在速度上也有很大误差。本书试验中所采用的放大器带宽为 200MHz，完全满足测量的需要，波形基本不存在失真。

在这六种材料的流注传播特性中，陶瓷表面流注传播具有很特别的特点。其他绝缘介质表面流注，在大于稳定传播场强的外加电场强度下，就会出现"沿面"分量。而陶瓷表面流注，在大于稳定传播场强后，在很大一段电场强度下，都没有"沿面"分量，只有当电场强度达到很高时（656kV/m）才出现"沿面"分量，而此时"沿面"分量速度也不大，甚至，小于空气中流注传播速度。英国学者 Allen 研究了陶瓷表面流注传播特性，提出陶瓷表面流注传播不存在"沿面"分量，只有"空气"分量。本书与其观点有部分相同，本书认为在低场强下陶瓷材料表面流注不存在"沿面"分量，但当电场强度高到一定程度时，也会有"沿面"分量。

利用紫外分析仪拍摄了空气中和不同绝缘介质表面流注传播路径的照片。由于流注的传播过程很快（几百纳秒），而紫外分析仪录像时每秒钟只能记录 30 帧照片，因此紫外分析仪不能记录流注不同阶段的发展情况，只能记录流注的传播路径。不同外加场强作用下空气中流注传播路径的照片如图 1-7 所示，每一张照片都对应一次流注的传播情况。从图 1-7 中可以发现空气中流注的径向发散很厉害，应该是由于一些小的流注分叉造成的。

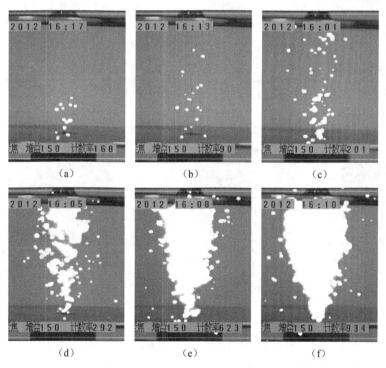

图 1-7　不同外加电场强度作用下空气中流注传播路径的照片

（a）390kV/m；（b）428kV/m；（c）476kV/m；（d）581kV/m；（e）661kV/m；（f）716kV/m

  不同外加电场强度作用下硅橡胶、尼龙、聚四氟乙烯表面流注发展路径的照片分别如图 1-8～图 1-10 所示。很明显，可以看到在外加电场强度小于流注稳定传播场强时，"沿面"分量基本上没有出现，即使出现了也会在间隙中部消失，而"空气"分量基本都会出现，而且有些时候还能发展到达阴极。在大于流注稳定传播场强的电场强度作用下，绝缘介质表面流注拥有"沿面"分量和"空气"分量两个分量，"沿面"分量沿着绝缘介质表面发展，而"空气"分量在远离绝缘介质的空气中发展，而且都能发展到达阴极板。陶瓷材料表面流注发展路径的照片如图 1-11 所示。从图 1-11 中可以看出，在低电场强度下，只有"空气"分量可以到达阴极，"沿面"分量很微弱在电极中间的某处会消失；只有电场强度足够高时（远大于流注稳定传播场强），"沿面"分量才拥有足够强的能量可以传播到达阴极。绝缘介质表面流注"沿面"分量和"空气"分量传播路径如图 1-12 所示。从图 1-12 中可以看出，"空气"分量的路径远离绝缘介质应该是受到了"沿面"分量的影响，发展速度较快的"沿面"分量头部电荷对"空气"分量头部的电荷产生了一定的排斥作用，从而导致空气分量远离绝缘介质表面发展。

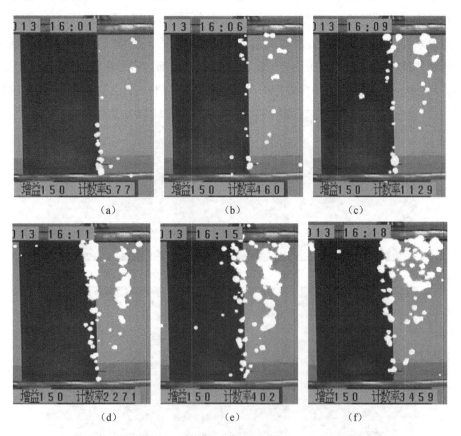

图 1-8 不同外加电场强度作用下硅橡胶表面流注传播路径的照片

（a）505kV/m；（b）550kV/m；（c）570kV/m；（d）600kV/m；（e）620kV/m；（f）640kV/m

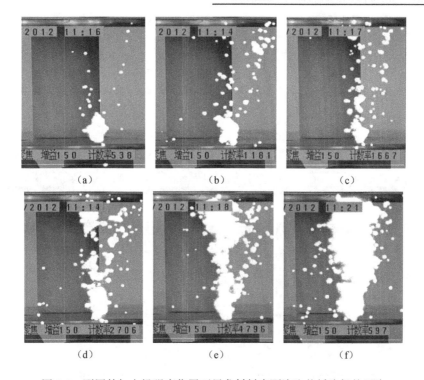

图 1-9　不同外加电场强度作用下尼龙材料表面流注传播路径的照片

（a）525kV/m；（b）560kV/m；（c）580kV/m；（d）600kV/m；（e）650kV/m；（f）700kV/m

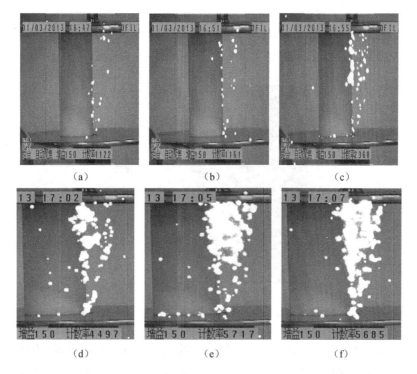

图 1-10　不同外加电场强度作用下聚四氟乙烯材料表面流注传播路径的照片

（a）510kV/m；（b）530kV/m；（c）560kV/m；（d）590kV/m；（e）620kV/m；（f）650kV/m

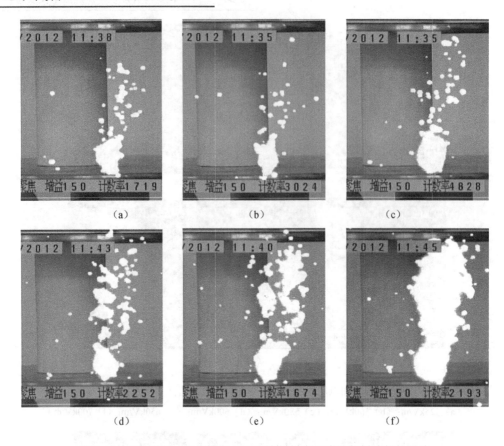

图 1-11　不同外加电场强度作用下陶瓷材料表面流注传播路径的照片

（a）460kV/m；（b）480kV/m；（c）510kV/m；（d）570kV/m；（e）640kV/m；（f）700kV/m

图 1-12　绝缘介质表面流注"沿面"分量和"空气"分量传播路径

通过观察这些流注传播的照片，也可以知道流注是否发展到达阴极。因此，通过利用紫外分析仪观察流注放电情况也可以得到流注在不同电场强度下传播到达阴极的概率，从而得到流注稳定传播场强。将利用紫外分析仪测量得到的流注稳定传播场强和利用光电倍增管测量得到的流注稳定传播场强进行对比，发现两者很接近，证明了利用紫外分析仪观察流注传播长度的可行性。不过，紫外分析仪对微弱紫外光的敏感性不如光电倍增管，所以有些时候通过照片不好判断流注是否发展到达阴极，就准确性而言，光电倍增管测量得到的流注稳定传播场强更接近真实值。

三、流注传播速度

流注在电场作用下的传播速度可以利用三个光电倍增管之间的垂直距离和其产生的脉冲信号上升沿起始点的时间差 ΔT 的比值得到。空气中、绝缘介质表面流注稳定传播速度随脉冲幅值的变化曲线如图 1-13 所示，其展示的是平板电极间流注在稳定传播电场强度（如图 1-4 所示中各点）下的传播速度受外加脉冲电源幅值的影响情况，其中绝缘介质表面（陶瓷除外）流注给出的是"沿面"分量的速度。将流注稳定传播电场强度下，流注传播速度定义为流注稳定传播速度 V_{st}。不难发现，空气中和绝缘介质表面流注稳定传播速度都与脉冲幅值成线性关系，随着脉冲幅值增加，流注稳定传播速度增加。因为脉冲幅值为流注的产生和传播提供能量，脉冲幅值越大，流注初始时从脉冲电源获得的能量越大，因此流注初始速度会越大。但在后续的流注传播中，由于外加电场（流注稳定传播场强）较小，流注从外加电场获得的能量会少一些，传播速度会有所减少，不过从试验结果看，流注稳定传播场强的减少并没有影响到流注的整体传播速度随脉冲幅值的增大而增大。

在图 1-13 中给出了拟合曲线和公式，所用的拟合公式为

$$V_{st} = V_0 + \beta u \times 10^5 \qquad (1\text{-}3)$$

式中　V_{st}——流注稳定传播场强 E_{st} 下的传播速度，m/s；

　　　　V_0——脉冲幅值 u 为 0 时流注的稳定传播速度，m/s；

　　　　u——脉冲幅值，kV；

　　　　β——待定系数，m/（s·kV）。

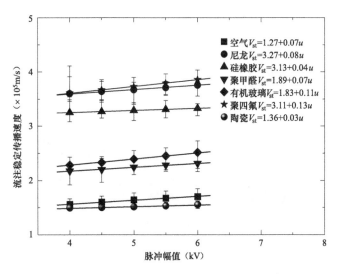

图 1-13　空气中、绝缘介质表面流注稳定传播速度随脉冲幅值的变化

　　绝缘介质表面流注"沿面"分量传播速度随外加电场强度的变化如图 1-14 所示，绝缘介质表面流注"空气"分量传播速度随外加电场强度的变化的曲线如图 1-15 所示。可以看出绝缘介质表面流注"沿面"分量的速度大于空气中流注传播速度，而"空气"分量的速度小于空气中流注传播速度。同时，不同绝缘介质流注"沿面"分量和"空气"分量的速度随着外加电场强度的变化不同，"沿面"分量速度受电场影响很大，随着电场强度增大，"沿面"分量速度显著增大；而"空气"分量受电场影响很小，随着电场强度增大，"空气"分量速度增长缓慢。除了受电场影响不同，"沿面"分量速度和"空气"分量速度受绝缘介质特性的影响也不同，不同绝缘介质表面流注"沿面"分量速度差别很大，而"空气"分量速度差别较小。

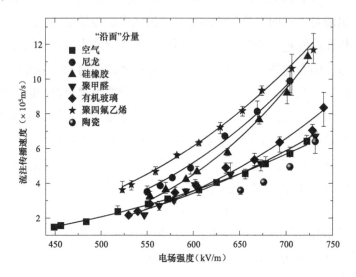

图 1-14　绝缘介质表面流注"沿面"分量传播速度随外加电场强度的变化（脉冲幅值 4kV）

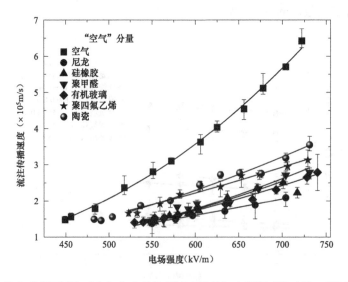

图 1-15　绝缘介质表面流注"空气"分量传播速度随外加电场强度的变化（脉冲幅值 4kV）

图 1-14 和图 1-15 中的流注的速度曲线可以通过式（1-4）进行拟合：

$$V_s = V_{st} \left[\frac{E}{E_{st}} (1+\gamma) \right]^n \times 10^5 \ \text{m/s} \qquad (1-4)$$

式中　　E_{st}——流注稳定传播场强 kV/m；

　　　　V_{st}——流注稳定传播场强 E_{st} 下的传播速度 m/s；

　　　　V_s——电场强度 E 下流注传播速度 m/s；

　　　　n——级数；

　　　　γ——待定系数。

各个系数的取值见表 1-2。

表 1-2　　　　　　　　　　　　式（1-4）中的相关系数取值

材　料	E_{st} (kV/m)	沿面分量（见图 1-14）			空气分量（见图 1-15）		
		V_{st}(×10⁵m/s)	$\gamma \times 100$	n	V_{st}(×10⁵m/s)	$\gamma \times 100$	n
空　气	456	1.56	0.22	3	1.56	0.23	3
尼　龙	564	3.86	1.21	4	1.53	−3.19	1.6
硅橡胶	553	3.25	−1.34	4.8	1.43	0.54	2.4
聚甲醛	546	2.17	3.83	3.5	1.43	−0.77	2.5
有机玻璃	535	2.28	0.15	4	1.41	−1.41	2.2
聚四氟	522	3.61	0.75	3.5	1.65	2.52	1.8
陶　瓷	491	—	—	—	1.45	0.58	2.2

各种绝缘介质不同电场强度下流注的传播速度可以通过式（1-4）求得。将式（1-2）和式（1-3）代入式（1-4）中，就可以得到不同电场强度下绝缘介质表面流注传播速度更通用的计算式（1-5）。式（1-5）可以计算没有了脉冲电源作用时的流注发展速度，其应用范围更广，更能反映实际中的流注发展状况。

$$V_s = (V_0 + \beta u) \left[\frac{E(1+\gamma)}{E_0 - \alpha u} \right]^n \times 10^5 \qquad (1-5)$$

式中　　E_{st}——流注稳定传播场强，kV/m；

　　　　E_0——脉冲幅值 u 为 0 时流注的稳定传播场强，kV/m；

　　　　u——脉冲幅值，kV；

　　　　α——待定系数，m^{-1}；

　　　　γ——待定系数；

　　　　E——外部电场强度，kV/m；

　　　　V_s——电场强度 E 下流注传播速度，m/s；

　　　　V_0——脉冲幅值 u 为 0 时流注的稳定传播速度，m/s。

四、流注发光强度

根据气体放电理论，空间光电离对流注的产生和发展起着至关重要的作用。流注头部的光电离产生的二次电子崩能为流注补充正、负电荷，使得流注通道向前发展。引起光电离的光子有两个主要来源：①流注头部电荷密集，电场将明显增强，有利于分子和离子的激励现象，当分子和离子从激励状态恢复到正常状态时将发射光子；②电子崩内部正、负电荷区域电场被削弱，有利于离子间的复合过程，也会发射出光子。从光子的来源可知，流注发射光子的能力与流注头部电荷的多少有很大关系。这些光子一部分在放电区域内形成新的电子崩，一部分则散逸到放电区域以外；在一定的电场强度和空气密度条件下，散逸到放电区域以外的光子数量能在一定程度上反映总的光子数量，两者存在一定的比例关系。本试验中，光电倍增管接收的光子就是散逸到放电区域外的那部分光子；同时，根据光电倍增管的工作原理其输出光脉冲的幅值和接收到的光子数目成正比例关系。因此，可以认为光电倍增管输出光脉冲的幅值反映了流注头部辐射光子的数目，从而可以反映流注头部电荷量和后续的空间光电离的强弱。

如图 1-16 所示空气中、绝缘介质表面流注稳定传播过程中发光强度随脉冲幅值随外加电脉冲幅值的变化，其中绝缘介质表面（陶瓷除外）流注给出的是"沿面"分量的光脉冲幅值。可以看出，空气中和绝缘介质表面流注稳定传播中发光强度都与脉冲幅值成线性关系，有些成正比例关系，而有些成反比例关系。原因如本章第二节中所说，当所加脉冲幅值较大时，流注稳定传播场强较小，即外加场强较小。因脉冲幅值的增加而多注入的能量，不能弥补由于外加电场减小而造成的流注能量损失时，就造成了某些介质表面流注传播过程中发光强度随着脉冲幅值的增加而减小。同时，对比图 1-16 和图 1-13 可以发现，绝缘介质表面流注传播过程中发光强度与脉冲幅值成正比例关系的，其稳定传

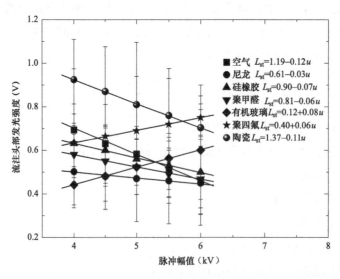

图 1-16　空气中、绝缘介质表面流注稳定传播过程中发光强度随脉冲幅值的变化

播速度受脉冲幅值的变化影响很明显，在图 1-13 中曲线斜率较大；而发光强度与脉冲幅值成反比例关系的情况，其稳定传播速度受脉冲幅值的变化的影响很小，在图 1-13 中曲线斜率较小。

在图 1-16 中给出了拟合曲线和公式，所用的拟合公式为

$$L_{st} = L_0 - \chi u \tag{1-6}$$

式中　L_{st} ——流注稳定传播场强 E_{st} 下头部发光强度，V；

　　　L_0 ——脉冲幅值 u 为 0 时流注在其稳定传播电场强度作用下的头部发光强度，V；

　　　u ——脉冲幅值，kV；

　　　χ ——待定系数。

如图 1-17 和图 1-18 分别给出了绝缘介质表面流注"沿面"分量和"空气"分量发光强度随外加电场强度变化的规律。绝缘介质表面流注"沿面"分量和"空气"分量的发光强度都小于纯空气中流注传播过程中的发光强度，说明空气中流注传播过程中放电强度和光电离强度会剧烈一些，流注更容易发展，这也可以解释为什么绝缘介质表面流注传播场强大于空气中的流注传播场强。与此同时，也可以发现"沿面"分量发光强度受电场强度影响很大；而"空气"分量受电场强度影响很小。不同绝缘介质"沿面"分量发光强度存在很大差别，而"空气"分量发光强度却差别较小。考虑到发光强度与光电离的关系，就可以解释本章第二节第三部分中"沿面"分量和"空气"分量速度与电场、绝缘介质的变化规律。

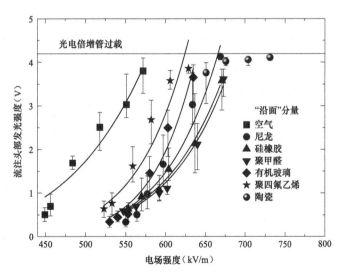

图 1-17　绝缘介质表面流注"沿面"分量发光强度随外加电场强度的变化（脉冲幅值 4kV）

图 1-17 和图 1-18 中的流注发光强度曲线可以通过式（1-7）进行拟合：

$$L_s = L_{st} \left[\frac{E}{E_{st}} (1 + \eta) \right]^n \tag{1-7}$$

式中　L_s ——电场强度 E 下流注传播过程中的发光强度，V；

L_{st} ——流注稳定传播电场强度 E_{st} 下的发光强度，V；

n ——级数；

η ——待定系数。

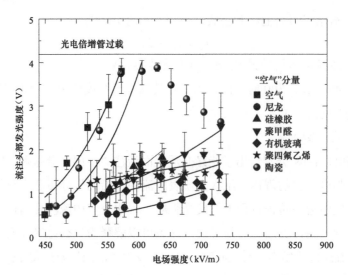

图 1-18　绝缘介质表面流注"空气"分量发光强度随外加电场强度的变化（脉冲幅值 4kV）

各个系数的取值见表 1-3。

表 1-3　　　　　　　　　　　　　式（1-7）中相关系数取值

材　料	E_{st}（kV/m）	"沿面"分量（见图 1-17）			"空气"分量（见图 1-18）		
		L_{st}（V）	$\eta \times 100$	n	L_{st}（V）	$\eta \times 100$	n
空　气	456	0.69	6.32	6	0.69	6.32	6
尼　龙	564	0.50	4.70	10	0.52	0.81	3
硅橡胶	553	0.63	−0.11	9	1.11	0.42	4
聚甲醛	546	0.59	−1.01	9	0.96	2.09	3
有机玻璃	535	0.34	2.26	12	0.82	5.60	2
聚四氟	522	0.63	0.98	10	1.22	3.18	1
陶　瓷	491	—	—	—	0.92	0.12	7

第三节　空气中和绝缘介质表面流注传播
特性试验结果分析

一、空气中与绝缘介质表面流注发展特性差异

当绝缘介质插入平板电极后，三电极间的电场肯定发生了很大的变化。针电极前方距离 1mm 以内的轴向电场强度变化如图 1-19 所示。从图 1-19 中可以发现有绝缘材料存在时，针电极处电场被加强了，且绝缘介质介电常数越大，前方场强越大；大概到针电极前方 1cm 处时，场强基本相同；由于针板间电势差相同，介电常数大的绝缘介质在针尖处增强了场强在以后的位置上其场强反而小。

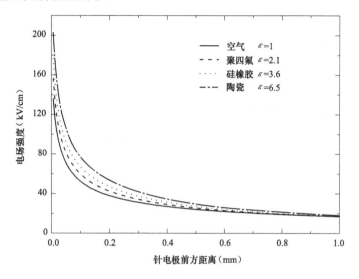

图 1-19　针电极前方距离 1mm 以内的轴向电场强度变化

绝缘介质施加负直流高压时，表面会积累负电荷。因此，在分析绝缘介质表面流注发展特性时必须考虑表面电荷的影响。如图 1-20 所示为空气中、聚四氟乙烯、带 $10\mu C/m^2$ 负电荷的聚四氟乙烯针尖处电场矢量图。可以发现，当绝缘介质表面带负电荷时，绝缘介质表面的电场方向指向绝缘介质，因此，流注也会贴近绝缘介质表面发展。这就可以合理地解释本章第二节第二部分中拍摄的照片显示绝缘介质表面流注发展时"沿面"分量总是贴近绝缘介质表面，很少向纵向发散，而空气中流注发展过程中纵向发散很严重。

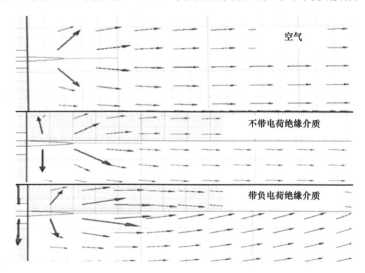

图 1-20　空气中、聚四氟乙烯、带 $10\mu C/m^2$ 负电荷聚四氟乙烯针尖处电场矢量图

聚四氟乙烯表面存在 $10\mu C/m^2$ 负电荷时整个间隙内电场强度变化如图 1-21 所示。从图 1-21 中可以发现，由于负电荷的影响，聚四氟乙烯针电极处电场强度增大很多，甚至经过几厘米后，负电荷对电场的增强作用还很明显；与此同时，负电荷对绝缘材料后半段电场的影响也是很大的，绝缘介质后半段（靠近上极板）电场强度急剧减少。从流注发展过程的试验数据中也可以找到证据，在图 1-6 中 3 个光电倍增管之间距离相同，但是流注前半段发展所需的时间远远小于后半段的时间，而在图 1-5 中空气流注的情况就没有这么明显，这应该就是绝缘介质表面电荷对电场的影响造成的。因此，推测绝缘介质表面流注发展到后半段时由于表面电荷造成的场强减小，发展受到抑制，需要更大的外加电场强度使流注能顺利发展到阴极板。这应该是绝缘介质表面流注稳定传播场强大于空气中流注稳定传播场强的一个原因。

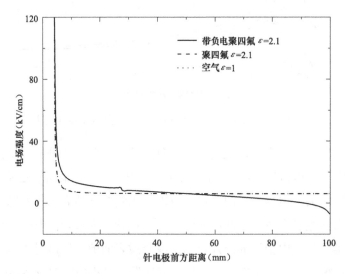

图 1-21　聚四氟乙烯表面存在 $10\mu C/m^2$ 负电荷时整个间隙内电场强度变化

ε—介电常数

瑞典学者 Akyuz 的研究表明绝缘介质表面流注的电荷分布在整个流注通道上，而空气中流注的电荷基本上都在流注头部，可能是绝缘介质表面流注的电荷在传播过程中大量附着在绝缘介质表面。因此，绝缘介质有附着电荷的能力，当绝缘介质存在时，流注头部的电荷在发展的过程中不可避免地要附着在绝缘介质表面，这将造成电荷的附着效应增强，流注头部的电荷减少。结合本文的分析，在流注发展前绝缘介质表面已经存在大量的负电荷，将吸引流注紧紧贴在绝缘介质表面发展，流注发展过程中不仅有正电荷附着于介质表面，可能也将会有流注头部正电荷和介质表面负电荷的复合。总而言之，绝缘介质的存在将增加流注头部电荷的附着效应，造成流注头部电荷减少，不利于流注头部的电离作用，影响其发展。因此，绝缘介质存在时附着效应的增强也是绝缘介质表面流注稳定传播场强大于空气中场强的一个原因。

上述分析解释了绝缘材料表面流注传播场强比空气中流注传播需要更大的场强是由于绝缘介质的存在抑制了流注的传播。然而，如何解释在高场强下绝缘材料表面流注"沿面分量"的传播速度大于空气中流注的传播速度的机理，需要进一步探讨。从表 1-3 可以看到，绝缘介质流注"沿面"分量发光强度的级数 n 是空气中流注发光强度级数 n 的 2 倍左右。也就是说，在大于流注稳定传播场强后，绝缘介质表面流注出现"沿面"分量，然后流注"沿面"分量发光强度随电场强度增加而急剧增加。流注的发光强度与其头部电荷量和电离效应强度有很大的关系，因此，可以认为此时流注"沿面"分量头部电荷量和电离效应强度随着电场强度的增加而大幅增长。

当外加电场强度增加时，离子附着效应减弱，导致绝缘介质表面流注传播过程中附着于介质的电荷量减少。同时，表面原本积累的负电荷更容易获得能量而从绝缘介质表面解离，参与流注头部的电离过程。因此，随着电场强度的增强，电荷附着效应的减弱和解离效应的增强均促使流注头部电荷量增加，进而强化了流注头部的电离效应，从而加速了流注"沿面"分量的发展。然而，仅凭这两个效应尚不足以解释表 1-3 中所显示的流注"沿面"分量头部电荷量和电离效应强度随电场强度增强而急剧增长的现象。

可以预见，在大于流注稳定传播场强后，出现了某种新的物理过程对流注发展起了决定性作用，使得流注"沿面"分量头部电荷量和电离效应强度随着电场强度的增加而大幅增长。英国学者 Allen 最早提出了用光致电子发射的物理过程来解释这个试验现象。研究表明，液体硅橡胶引发表面电子发射所需的光子能量为 6~11.2eV，而空气中氮气和氧气的相应值分别为 15.5eV 和 12.2eV。由于固体和液体在某些物理性质上具有相似性，可以推断固体介质相较于空气更容易产生光致电子发射现象。当绝缘介质受到光子轰击时，会向外发射二次电子。这些二次电子参与碰撞电离，形成新的电子崩，从而为流注"沿面"分量的头部提供大量电荷，并增强流注头部的电离效应，促进了流注放电的发展。光致电子发射随电场强度的增大而显著增强，使得绝缘介质表面流注"沿面"分量的速度急剧增加，大大超过空气中流注的传播速度。

流注"沿面"分量在沿着绝缘介质传播时几乎没有纵向发散，而是紧密贴合绝缘介质表面。相比之下，空气中的流注则表现出显著的纵向发散特性。因此，"沿面"分量的电离活动区域明显小于空气中的流注电离区，并且具有更强的方向性。所以"沿面"分量头部的电荷更加集中，导致其头部电场畸变更为显著，从而能够在更短的时间内产生大量电子崩，进而实现更快的传播速度。这可能是"沿面"分量传播速度高于空气中流注的原因之一。

二、绝缘介质材料特性对流注传播的影响

图 1-19 和图 1-21 说明介电常数对绝缘介质表面电场的分布有很大影响，而且当绝缘介质表面带有负电荷时，介质表面电场畸变更严重。因为介电常数大的绝缘介质表面积累电荷越多，那么由于电荷影响造成的极板间首尾处的电场畸变将更加严重。从电场角度来说，随着介电常数的增大，绝缘介质表面靠近阴极板处电场被削弱越大，流注稳定传播场

强会增大。另外，从电荷附着角度，介电常数大的绝缘介质表面容易积累电荷，在流注沿绝缘介质表面发展时也更容易发生电荷的附着，阻碍流注的发展，因此，需要更大的稳定传播场强。

书中用到的绝缘介质的相对介电常数分别为尼龙 5、硅橡胶 3.6、聚甲醛 3.6、有机玻璃 3.2、聚四氟乙烯 2.1、陶瓷材料 6.5。可以发现，除陶瓷外，其他几种绝缘介质表面流注的稳定传播场强都随着介电常数的增大而增大。另外，绝缘介质表面性能（电荷附着和积累、光致电子发射）也会对流注发展造成影响。绝缘介质表面电荷附着效应的大小除了跟介电常数有关外，与绝缘介质表面粗糙度也有很大关系，而绝缘介质表面光致电子发射的大小在不同绝缘介质间也差异很大。因此，绝缘介质的表面性能也会影响沿面流注的稳定传播场强的大小，只是从目前的结果看，几种绝缘介质的表面性能对流注稳定传播场强的影响应该不是太大，因为并未影响到介电常数对流注稳定传播场强影响的规律。

陶瓷表面流注稳定传播场强较小的原因主要是陶瓷表面基本或很少积累电荷。由于表面负电荷存在而造成的阴极附近电场削弱基本不存在，同时流注沿陶瓷表面传播过程中也很少会有电荷附着现象。所以陶瓷材料表面流注稳定传播场强很小，且与空气中流注传播场强很接近，两者还存在差异的原因应该是陶瓷材料介电常数对表面电场分布的影响（见图 1-19）和表面少量的电荷积累及附着造成的。

试验结果表明绝缘介质表面流注"沿面"分量传播速度受绝缘介质及电场影响很大，而"空气"分量受绝缘介质和电场影响很小。分析原因应该是"沿面"分量和"空气"分量的路径不同造成的，"沿面"分量贴近绝缘介质表面传播会受绝缘介质表面电荷附着和光致电子发射效应的影响，而"空气"分量的路径远离介质表面基本不受影响。此外，"沿面"分量的速度快，先发展的"沿面"分量头部正电荷会削弱"空气"分量头部电场，制约其发展，这就造成了"空气"分量速度小于空气中流注传播速度。特别的是陶瓷材料表面流注"沿面"分量出现很晚，速度很小，说明其头部正电荷不多。因此，流注"沿面"分量对"空气"分量的抑制作用也较为微弱，导致陶瓷材料表面流注"空气"分量的速度大于其他几种材料的"空气"分量速度。

介电常数可以影响沿面流注的稳定传播场强，那么对流注的传播速度也会有影响。介电常数对流注传播速度的影响主要体现在流注传播时电荷的附着效应上，介电常数小的绝缘介质表面电荷的附着作用较弱，发展速度也会越大。可是，在相同电场强度作用下，各个绝缘介质表面流注传播速度与介电常数之间的规律并不明显，大致可以看出介电常数小的绝缘介质表面流注"沿面"分量传播较快。但也有几处很特殊的情况，有机玻璃和聚甲醛介质表面流注"沿面"分量速度较慢，基本接近空气中流注发展的速度，而硅橡胶表面流注"沿面"分量速度也比较慢，但其受电场的影响很大，随电场强度变化剧烈，在场强大于 700kV/m 时，其速度接近聚四氟乙烯的速度。造成这些现象的原因，应该如前文所述，绝缘介质表面流注发展特性除了受介电常数的影响，还受到了绝缘介质表面性能的影响（如电荷附着、光致电子发射等)。

有机玻璃和聚甲醛表面流注"沿面"分量速度较慢,基本接近空气中流注发展的速度。几种材料表面在 400 倍显微镜下的照片如图 1-22 所示。可以发现有机玻璃和聚甲醛表面都很粗糙,有机玻璃表面有条状突起,而聚甲醛表面坑洼不平。因为绝缘介质表面粗糙度越大,表面电荷积累越严重。推测应该是由于有机玻璃和聚甲醛表面粗糙造成其表面更容易积累电荷,使得流注发展过程中电荷的附着效应更强,抑制了流注的发展,从而造成流注"沿面"分量速度较小。此外,有机玻璃和聚甲醛表面的光致电子发射能力有可能也小于其他材料。在流注稳定传播场强附近它们的"沿面"分量速度和其他材料有差别,但差别较小。在高场强时,它们的"沿面"分量速度远小于其他材料。因为"沿面"分量的产生和传播与光致电子发射的影响很大,所以,推测有机玻璃和聚甲醛表面的光致电子发射能力可能小于其他材料。随着场强的增加,光致电子发射效应对"沿面"分量速度起的作用越来越大,它们的"沿面"分量速度就和其他材料的差距越来越大。

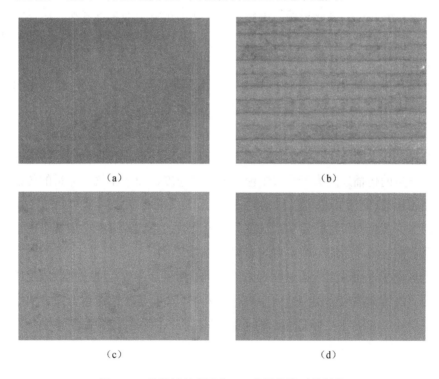

图 1-22　几种材料表面在 400 倍显微镜下的照片
(a)硅橡胶;(b)有机玻璃;(c)聚甲醛;(d)陶瓷

陶瓷表面"沿面"分量出现较晚,且速度很慢。原因推测是,如前所述陶瓷表面基本不积累电荷,随着电场强度的增高,没有其他介质表面那种由于电荷附着效应减弱及表面负电荷脱离带来的流注头部电离效应增强的过程。同时,更重要的是陶瓷是离子晶体,离子间化学键能更大,与其他几种有机材料相比,表面陷阱较少,且能级很深,电子逃逸所需能量更大。因此，需要更大能量的光子碰撞表面才能产生二次电子，即光致二次电子发射较难产生。在低场强下，高能量的光子的数量很少，很难产生光致电子发射，只有当场强达到足够大时，高能量的光子达到一定数量，才能产生足够多的二次电子，流注的"沿面"分量才会随之产生。由于陶瓷晶体表面光致电子发射效应很弱，其"沿面"分量的速度会很慢。硅橡胶表面流注"沿面"分量速度随电场强度变化规律的原因将在第二章中重点研究。

第四节 本 章 小 结

本章的研究结论可以为输变电设备外绝缘设计提供建议。介电常数大的绝缘介质表面流注稳定传播场强大，在输电线路中为了抑制流注放电的发展可以选择介电常数较大的介质作绝缘，可是，介电常数大的绝缘介质与金属电极、空气交界处电场畸变严重，更容易产生电晕放电，因此，为抑制电晕放电就要选择介电常数小的绝缘介质。所以输电线路绝缘在材料的选择上要根据实际情况的需要，考虑各种因素的影响，选择合适的绝缘介质使输电线路绝缘状况达到最优。本章主要结论如下：

（1）绝缘介质表面流注存在两个分量："沿面"分量和"空气"分量，"沿面"分量沿着绝缘介质表面发展，"空气"分量在远离绝缘介质的空气中发展，而空气中流注不存在两个分量，只有一个流注通道存在。

（2）绝缘介质表面流注稳定传播场强大于空气中流注稳定传播场强。绝缘介质表面流注"沿面"分量的传播速度大于空气中流注的传播速度，而"空气"分量的传播速度小于空气中流注的传播速度。

（3）绝缘介质表面流注稳定传播场强与介电常数成正比，分析中主要考虑了介电常数对绝缘介质表面电场和表面电荷附着的影响。

（4）绝缘介质表面流注传播速度可循的规律不明显，大致与介电常数成反比。因为绝缘介质表面流注传播速度除了与介电常数有很大关系外，还受到绝缘介质表面电荷附着效应和光致电子发射的影响，而不同的绝缘介质在这些方面表现的特性差异很大。

第二章

介电常数和表面性能对沿面流注放电影响机理

在第一章中研究了不同绝缘介质表面流注的发展特性，发现绝缘介质材料特性对流注的发展特性有很大的影响，并提出绝缘介质介电常数和表面性能（电荷积累和附着、光致电子发射的能力）是影响沿面流注发展的重要因素。但是并没有定量地描述各个因素对于流注发展作用的大小，因此，不能准确地说明各个绝缘介质表面流注发展特性存在差异的原因。

本章将在第一章的研究基础上设计一个试验定量描述绝缘介质的介电常数和表面性能（电荷积累和附着、光致电子发射的能力）对沿面流注稳定传播场强和传播速度影响的程度。此外，还进行了涂抹室温硫化硅橡胶涂料（RTV 涂料）的尼龙片表面流注传播特性试验，由于 RTV 涂层较薄，所以对尼龙介质整体介电常数改变较少，通过对比尼龙片和涂抹 RTV 的尼龙片表面流注传播特性，就可以得到尼龙和 RTV 涂层表面性能对流注传播特性影响的差异，不仅可以作为前一个试验的验证，也分析了 RTV 涂层对表面流注传播过程的影响，为评估 RTV 涂料绝缘性能提供了一种新的方法。

第一节　试验设备及绝缘子材料

一、定量研究介电常数和表面性能对沿面流注发展影响的试验方案

本节中所用的试验设备和测量系统和第一章第一节中的一样，只是试验中所用试品不同。试验中用到了三种绝缘介质，分别是尼龙、聚四氟乙烯和硅橡胶。尼龙的相对介电常数为 5，聚四氟乙烯的相对介电常数为 2.2，硅橡胶的相对介电常数为 3.6。这三种绝缘介质都被做成长 100mm、宽 100mm、厚度 5mm 的正方形板。尼龙和聚四氟乙烯为组合 1，硅橡胶和聚四氟乙烯为组合 2，分别对这两个组合进行了表面流注发展特性试验。

以组合 1 为例具体描述试验过程。试验方法示意图如图 2-1 所示。首先，将 20 片尼龙片插入三电极结构中，进行流注试验，通过测量得到流注传播参数（流注稳定传播场强和某电场强度作用下流注传播速度）；然后，从外侧逐渐将尼龙片替换成聚四氟乙烯片，重复进行流注试验，得到流注传播参数；最终，三电极中的尼龙片将被全部更换为聚四氟乙烯片。利用这种方法，就可得到在绝缘介质表面状况不变时，随着两种绝缘介质体积比的改

变（整体介电常数改变）的情况下，流注稳定传播场强和某电场强度作用下流注传播速度的变化规律。假设尼龙的介电常数为 ε_1，厚度为 d_1，聚四氟乙烯的介电常数为 ε_2，厚度为 d_2，组合绝缘介质的介电常数为 ε，厚度为 $d = d_1 + d_2$。组合绝缘介质整体的电容相当于两种绝缘介质各自电容并联，因此，组合绝缘介质的整体介电常数 ε 可以利用式（2-1）计算，整体介电常数只与两种绝缘介质的介电常数和它们的厚度有关系。试验时，室内温度稳定在 20℃ 左右，相对湿度保持在 65%～70%，气压为标准大气压，试验地点为深圳。

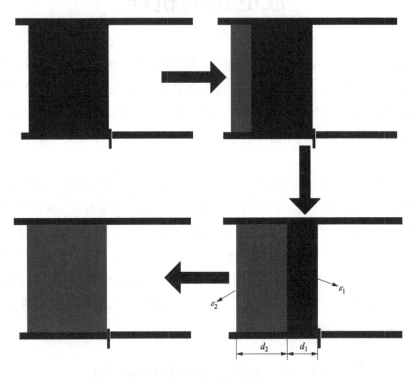

图 2-1   试验方法示意图

$$\varepsilon = \frac{\varepsilon_1 \times d_1 + \varepsilon_2 \times d_2}{d} \tag{2-1}$$

二、涂抹 RTV 的尼龙表面流注传播特性的试验方案

本节中所用的试验设备和测量系统和第一章第一节中的一样，试验中所用的尼龙片是长 100mm，宽 100mm，厚度 5mm 的正方形板。试验中用到了三种试品，分别是尼龙片、涂抹 RTV1 的尼龙片，涂抹 RTV2 的尼龙片。RTV1 和 RTV2 分别代表两个厂家的 RTV 涂料。尼龙的介电常数是 5，RTV-1 的是 3.6，RTV-2 的是 3.8。利用光电倍增管测量洁净和涂抹 RTV 的尼龙介质表面流注传播特性，研究了洁净和涂抹 RTV 涂料的尼龙表面流注传播特性的差异，分析了 RTV 涂层对表面流注传播特性的影响。同时，对空气中的流注发展特性也进行了测量，用作绝缘介质表面流注发展特性的参照。试验时，室内温度稳定在 25℃左右，相对湿度保持在 65%左右，气压为标准大气压，试验地点为深圳。

第二节 定量研究介电常数和表面性能对沿面流注发展影响的试验结果

一、尼龙和聚四氟乙烯组合沿面流注发展特性试验结果

利用光电倍增管测量绝缘介质表面流注发展过程，也发现沿面流注存在两个分量："沿面"分量和"空气"分量，光电倍增管输出的波形图与第一章第二节第二部分中的类似。利用紫外分析仪拍摄了聚四氟乙烯片表面流注传播路径的照片，不同外加电场强度作用下聚四氟乙烯片表面流注传播路径的照片如图 2-2 所示。聚四氟乙烯片表面流注拥有"沿面"分量和"空气"分量两个分量，"沿面"分量沿着聚四氟乙烯片表面发展，而"空气"分量在远离聚四氟乙烯片的空气中发展，试验结果与第一章第二节第二部分一致。

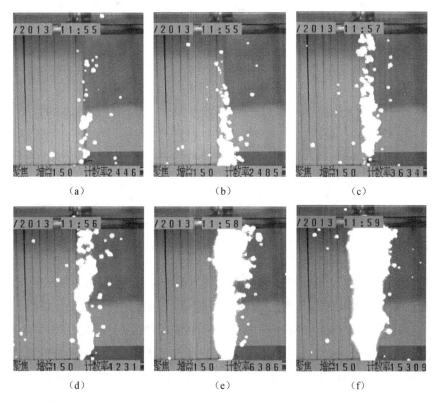

图 2-2 不同外加电场强度作用下聚四氟乙烯片表面流注传播路径的照片

（a）500kV/m；（b）520kV/m；（c）560kV/m；（d）590kV/m；（e）640kV/m；（f）680kV/m

尼龙和聚四氟乙烯组合的绝缘介质表面流注稳定传播场强随尼龙厚度的变化如图 2-3 所示，试验时湿度为 70%。在每个尼龙厚度下测量了 5 次流注稳定传播场强，从图 2-3 可以看出数据存在分散性，为了方便分析，对每组数据分别求取了平均值。尼龙和聚四氟乙烯组合的绝缘介质表面流注稳定传播场强随尼龙厚度变化的拟合曲线（脉冲幅值 4kV）如

图 2-4 所示，图 2-4 中的各个数据点是图 2-3 中相应数据的平均值。图 2-4 中也给出了单尼龙或单聚四氟乙烯材料时流注稳定传播场强的大小作为参考线（如图 2-4 中的两条直线所示）。图 2-4 中对流注稳定传播场强和尼龙厚度的关系进行了曲线拟合，可以看出随着尼龙厚度的减小，沿面流注稳定传播场强呈现减小的趋势。此时，靠近流注的绝缘介质一直是尼龙，所以组合绝缘介质的表面性能一直保持不变，沿面流注稳定传播场强的减小完全是由于介电常数的变化造成的。组合绝缘介质的介电常数 ε 可以通过式（2-1）计算，在两种绝缘介质介电常数 ε_1、ε_2 和总厚度 d 不变时，组合绝缘介质的介电常数 ε 只和尼龙的厚度 d_1 有关，因此，尼龙片厚度 d_1 的变化也代表了组合绝缘介质介电常数的变化，通过尼龙片厚度 d_1 很容易得到组合绝缘介质的介电常数 ε。

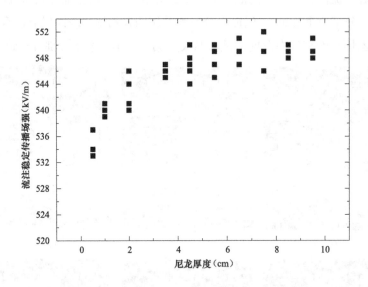

图 2-3　尼龙和聚四氟乙烯组合的绝缘介质表面流注稳定传播场强随尼龙厚度的变化

当尼龙厚度无限趋近于 0cm 时，流注的稳定传播场强为拟合曲线与纵轴的交点。此时，流注稳定传播场强随着尼龙厚度的减小而减少的量都是由于组合绝缘介质的介电常数从 5 变为 2.2 造成的，相当于是在不改变尼龙的表面性能的情况下，将尼龙材料的介电常数由 5 变成了 2.2。尼龙厚度无限趋近于 0cm 时的流注稳定传播场强与实际的聚四氟乙烯的流注稳定传播场强是有差异的，这个差异是因为尼龙的表面性能和聚四氟乙烯的表面性能的差异造成的。因此，通过图 2-4 就可以定量给出绝缘介质介电常数和表面性能对流注稳定传播场强的影响。介电常数由 5 减少到 2.2 造成的流注稳定场强减少了 20kV/m，而尼龙和聚四氟乙烯表面性能的差异造成流注稳定场强的变化量为 4kV/m。此种情况下，介电常数的影响是表面性能对流注稳定传播场强影响的 5 倍。此外，可以发现尼龙厚度无限趋近于 0cm 时的流注稳定传播场强小于实际的聚四氟乙烯的流注稳定传播场强，说明尼龙的表面性能比聚四氟乙烯的表面性能更有利于流注的传播。

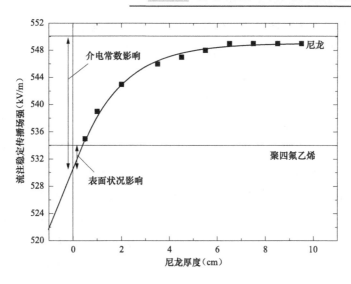

图 2-4 尼龙和聚四氟乙烯组合的绝缘介质表面流注稳定传播场强随尼龙厚度变化的拟合曲线

（脉冲幅值 4kV）

尼龙和聚四氟乙烯组合的绝缘介质表面流注传播速度随尼龙厚度变化的拟合曲线如图 2-5 所示，此时外加电场强度为 580kV/m，脉冲幅值为 4kV。在图 2-5 中的数据处理手段和展示形式与图 2-4 中是一样的，不再详述。从图 2-5 中可以发现，组合介质的介电常数由 5 减少到 2.2 造成的流注传播速度的增加量为 0.61×10^5m/s，而尼龙和聚四氟乙烯表面性能的差异造成流注传播速度的变化量为 0.12×10^5m/s。此外，尼龙厚度无限趋近于 0cm 时的流注传播速度大于实际的聚四氟乙烯的流注传播速度，说明尼龙的表面性能比聚四氟乙烯的表面性能更有利于流注的传播，与图 2-4 结论一致。

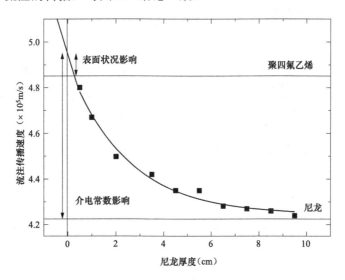

图 2-5 尼龙和聚四氟乙烯组合的绝缘介质表面流注传播速度随尼龙厚度变化的拟合曲线

（E=580kV/m，脉冲幅值 4kV）

二、硅橡胶和聚四氟乙烯组合沿面流注发展特性试验结果

利用紫外分析仪拍摄了硅橡胶表面流注传播路径的照片，不同外加电场强度作用下硅橡胶片表面流注传播路径的照片如图 2-6 所示，硅橡胶片后面是聚四氟乙烯片，可以很明显地发现"沿面"分量和"空气"分量的存在。硅橡胶和聚四氟乙烯组合的绝缘介质表面流注稳定传播场强随硅橡胶厚度的变化曲线如图 2-7 所示，各个数据点也是由 5 次试验结果计算平均值得来的，此时，环境的湿度为 65%。图 2-7 给出了单硅橡胶或单聚四氟乙烯材料时流注稳定传播场强的大小作为参考线（如两条直线所示），可以发现图 2-7 中聚四氟乙烯表面的流注稳定传播场强比图 2-4 中的数值小了一点，这是由于两次试验时环境湿度的不同造成的，并不影响试验结果的分析。借鉴本章第二节第一部分的分析过程，可以得到，硅橡胶的介电常数由 3.6 减少到 2.2 造成的流注稳定场强的减小量为 10kV/m，而硅橡胶和聚四氟乙烯表面性能的差异造成流注稳定场强的变化量为 10kV/m。此种情况下，介电常数与表面性能对流注稳定传播场强的影响相同。同时发现硅橡胶厚度无限趋近于 0cm 时的流注稳定传播场强大于实际的聚四氟乙烯的流注稳定传播场强，说明硅橡胶的表面性能比聚四氟乙烯的表面性能更不利于流注的传播。

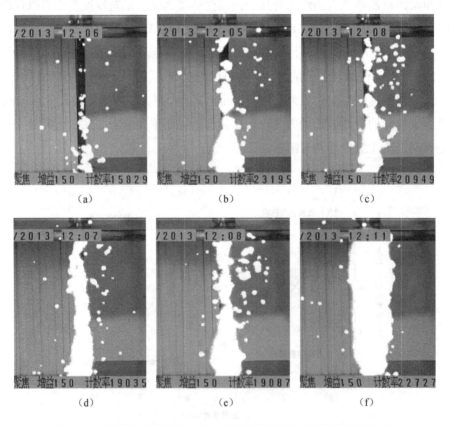

图 2-6 不同外加电场强度作用下硅橡胶片表面流注传播路径的照片

（a）520kV/m；（b）550kV/m；（c）580kV/m；（d）620kV/m；（e）650kV/m；（f）720kV/m

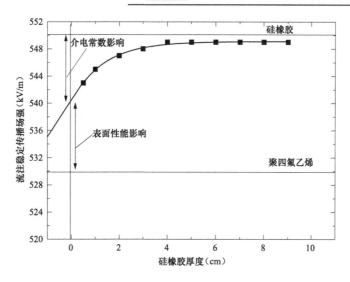

图 2-7 硅橡胶和聚四氟乙烯组合的绝缘介质表面流注稳定传播场强随硅橡胶厚度变化的拟合曲线

（脉冲幅值 4kV）

硅橡胶和聚四氟乙烯组合的绝缘介质表面流注传播速度随硅橡胶厚度变化的拟合曲线如图 2-8 所示，此时，外加电场强度为 550kV/m。从图 2-8 可以得到，硅橡胶的介电常数由 3.6 减少到 2.2 造成的流注传播速度的增大量为 $0.39 \times 10^5 m/s$，而硅橡胶和聚四氟乙烯表面性能的差异造成流注传播速度的变化量为 $0.40 \times 10^5 m/s$。此种情况下，介电常数与表面性能对流注稳定传播场强影响基本相同。此外，发现硅橡胶厚度无限趋近于 0cm 时的流注传播速度小于实际的聚四氟乙烯的流注传播速度，说明硅橡胶的表面性能比聚四氟乙烯的表面性能更不利于流注的传播，与图 2-7 结论吻合。

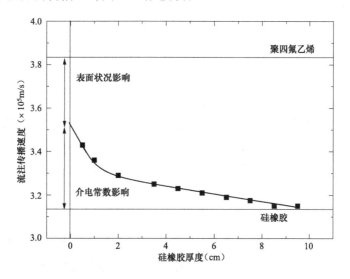

图 2-8 硅橡胶和聚四氟乙烯组合的绝缘介质表面流注传播速度随硅橡胶厚度变化的拟合曲线

（E=550kV/m，脉冲幅值 4kV）

三、试验结果分析

上述的试验结果显示尼龙表面流注稳定传播场强大于聚四氟乙烯表面流注稳定传播场强，流注传播速度规律相反；硅橡胶表面流注稳定传播场强大于聚四氟乙烯表面流注稳定传播场强，流注传播速度规律相反。说明介电常数大的绝缘介质表面流注稳定传播场强大，流注传播速度小。参考第一章的研究结论，介电常数对绝缘介质表面流注发展特性的影响可以归纳为两个方面：从电场角度讲，介电常数大的绝缘介质表面流注发展到后半段时由于表面负电荷造成的电场削弱更严重，发展受到抑制，需要更大的外加电场强度使流注能顺利发展到阴极板，而发展速度也会减缓；从电荷附着角度讲，介电常数大的绝缘介质表面容易积累电荷，在流注沿介质表面发展时也更容易发生电荷的附着，阻碍流注的发展，因此，流注的传播速度会较慢，同时流注的发展也需要更大的稳定传播场强。综合两方面的影响，介电常数越大的绝缘介质沿面流注稳定传播场强越大，在相同的电场强度下的流注传播速度越小。

绝缘介质表面性能主要包括表面电荷积累和附着、光致电子发射等。从试验结果看，尼龙介质的表面性能与聚四氟乙烯相比更有利于流注的传播。硅橡胶的表面性能与聚四氟乙烯相比更不利于流注的传播。如果按照表面性能有利于流注传播的排序，第一位的是尼龙介质，其次是聚四氟乙烯，最后是硅橡胶。

三种绝缘介质表面状况显微图（400 倍）如图 2-9 所示。可以发现尼龙的粗糙度最小，聚四氟乙烯较大，硅橡胶的最大。介质表面粗糙度越大，表面电荷积累越严重。参考第一章所述的流注发展前表面负电荷积累和流注发展过程中电荷附着效应对流注发展过程的分析可知，介质表面粗糙度越大，其表面越不利于流注的发展。因此，单从粗糙度方面考虑，尼龙介质表面最有利于沿面流注的发展，聚四氟乙烯次之，硅橡胶最不利于流注的发展。

绝缘介质表面不可避免地要存在"缺陷"，即陷阱。一方面，绝缘介质表面陷阱能捕获电荷，陷阱越多，捕获的电荷越多，绝缘介质表面也越容易积累电荷；另一方面，被陷阱捕获的电荷，在电场强度足够大或光子、高能电子的碰撞下会被释放出来，参与碰撞电离形成电子崩。利用热刺激电流法对三种绝缘介质的热刺激电流特性（TSC 特性）进行了测量。三种绝缘介质的 TSC 曲线如图 2-10 所示，利用 TSC 曲线计算得到的绝缘介质表面陷阱电荷和陷阱能级，三种绝缘介质的 TSC 特性见表 2-1。从表 2-1 可以发现表面陷阱最多的是尼龙、其次是硅橡胶，最小的是聚四氟乙烯，而陷阱能级正好相反，从小到大分别是尼龙、硅橡胶、聚四氟乙烯。材料内部的结构缺陷（物理、化学缺陷）导致了材料中陷阱的存在，因此，材料的陷阱分布可以在其微观结构上反映出来。三种绝缘介质的 TSC 曲线如图 2-11 所示，图中给出了三种材料表面扫描电镜图。可以看到三种材料表面存在很多深浅不一的微孔缺陷，尼龙材料表面的微孔缺陷最多，硅橡胶次之，聚四氟乙烯材料最少。微孔缺陷越多捕获载流子的能力越强，TSC 曲线中陷阱电荷量也会越多，所以三种材料表面扫描电镜图也印证了 TSC 试验的结果。

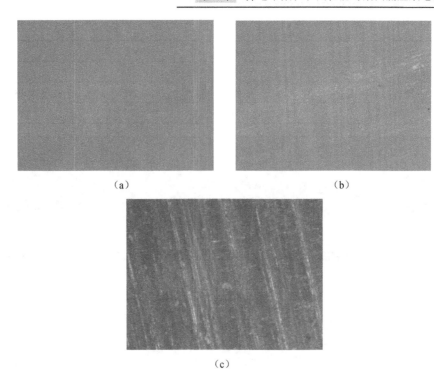

图 2-9　三种绝缘介质表面状况显微图（400 倍）

（a）尼龙；（b）聚四氟乙烯；（c）硅橡胶

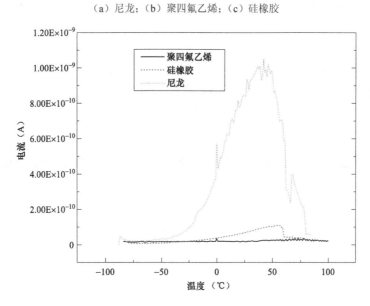

图 2-10　三种绝缘介质的 TSC 曲线

表 2-1　　　　　　　　　　　　　三种绝缘介质的 TSC 特性

参　　　数	硅橡胶	聚四氟乙烯	尼龙
电流峰值（PA）	110	34.3	1050
电流峰值对应温度（℃）	55	70	42

参　　数	硅橡胶	聚四氟乙烯	尼龙
半峰值对应温度差（℃）	45	35	56
陷阱电荷（nC）	203	119	1879
陷阱能级（eV）	0.51	0.71	0.38

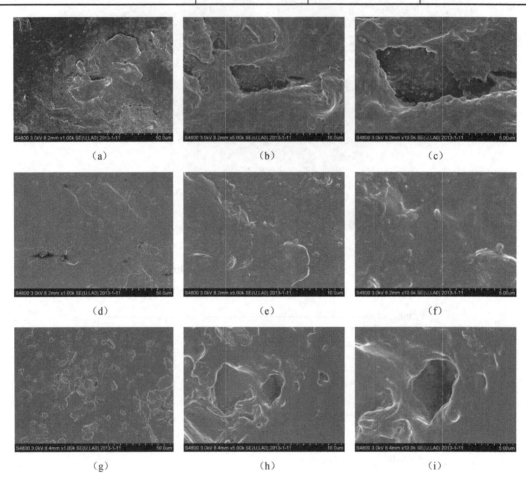

图 2-11　三种材料表面扫描电镜图

（a）尼龙（1k 倍）；（b）尼龙（5k 倍）；（c）尼龙（10k 倍）；（d）聚四氟乙烯（1k 倍）；（e）聚四氟乙烯（5k 倍）；

（f）聚四氟乙烯（10k 倍）；（g）硅橡胶（1k 倍）；（h）硅橡胶（5k 倍）；（i）硅橡胶（10k 倍）

　　绝缘介质表面陷阱越多，越容易积累电荷，表面电场畸变越严重，同时，流注传播过程中头部电荷附着也越严重。这将不利于流注的发展，硅橡胶的表面状况比聚四氟乙烯更不利于流注传播应该是这个原因。用电荷积累难易来解释尼龙介质表面状况比聚四氟乙烯更容易使流注传播出现了矛盾。尼龙介质表面陷阱比聚四氟乙烯表面陷阱的数量大很多，更容易积累电荷，因此，如果从电荷积累方面考虑，尼龙介质表面状况应该比聚四氟乙烯更不利于流注传播才对，可是结果恰恰相反。这是因为在分析中忽略了陷阱在一定条件下会释放电荷并参与后续碰撞电离，促进流注的发展。从表 2-1 中的陷阱能级大小可以看出尼龙介质表面陷阱虽然很多，不过大都是浅陷阱，很容易在高场强作用下或光子、高能电子碰撞下释放电子，参与碰撞电离形成二次电子崩，促进流注的发展，这种效应称为光致电子发射，而聚四氟乙烯表面陷阱很少，而且深度很深，需要更高的电场强度或更高能量的光子、电子撞击才会释放二次电子。因此，在相同的条件下，聚四氟乙烯表面光致电子发射效应远小于尼龙介质，所以尼龙介质表面状况比聚四氟乙烯更容易使流注传播的原因应该就是光致电子发射效应的作用，而此时表面陷阱捕获电荷造成的电场畸变和流注头部电荷附着效应对流注传播的抑制作用稍弱一些。

总之，绝缘介质表面陷阱捕获电荷造成的电场畸变和流注头部电荷附着效应，以及陷阱释放电荷参与碰撞电离（光致电子发射效应）两方面共同作用于流注的传播过程，对流注是抑制还是促进主要看哪种效应起的作用更大。上文中硅橡胶的表面状况比聚四氟乙烯更不利于流注传播应该是表面电荷造成的电场畸变和流注头部电荷附着效应更大一些。从光致电子发射角度看的话，与聚四氟乙烯相比，硅橡胶表面陷阱很多，大都是浅陷阱，其光致电子发射效应很强，可是在流注稳定传播场强附近时其光致电子发射效应没有表现出来。此时，硅橡胶由于表面陷阱多容易积累电荷而不利于流注的传播。结合第一章中硅橡胶表面流注传播特性的试验结果，当电场强度远大于流注稳定传播场强，达到 600～750kV/m 时，硅橡胶表面流注传播速度随电场强度的增加急剧增加，在电场强度大于700kV/m 时，其表面流注传播速度基本与聚四氟乙烯表面流注传播速度大小相近，此时应该是硅橡胶表面较强的光致电子发射效应起了作用，占据了主导地位。

综上所述，由介电常数和表面性能对流注稳定传播场强和传播速度的分析可知，介电常数能影响介质表面的电荷积累和流注头部的电荷附着效应，因此，介电常数和表面性能是存在联系的。本试验中定量区分了介电常数和表面性能对流注稳定传播场强和传播速度的影响，根据试验设计，试验中介电常数的影响应该包括了表面性能中受介电常数影响的表面电荷积累和电荷附着效应部分。本试验中介电常数和表面性能对流注稳定传播场强和速度的作用机理如图 2-12 所示。

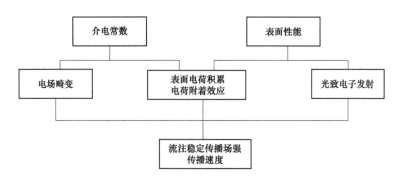

图 2-12 介电常数和表面性能对流注稳定传播场强和速度的作用机理

第三节 涂抹 RTV 的尼龙表面流注传播特性试验结果

一、流注稳定传播场强的试验结果

三种试片表面流注传播概率随外加电场强度的变化曲线如图 2-13 所示。利用第一章第二节第一部分的方法计算的流注的稳定传播场强随脉冲幅值变化的结果如图 2-14 所示。可以看出，尼龙片和涂抹 RTV 的尼龙片表面流注稳定传播场强都和脉冲幅值成线性关系，随着脉冲幅值的增大，流注稳定传播场强减小。原因已在第一章第二节第一部分中介绍。此外，也可以看出涂抹 RTV 涂料的尼龙片表面流注的稳定传播场强大于洁净尼龙片表面流注稳定传播场强，而且不同的 RTV 涂层表面流注的稳定传播场强存在较大差异。

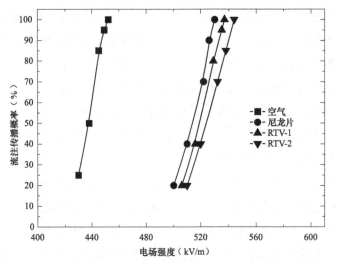

图 2-13　三种绝缘介质表面流注传播概率随电场强度的变化（脉冲幅值 4kV）

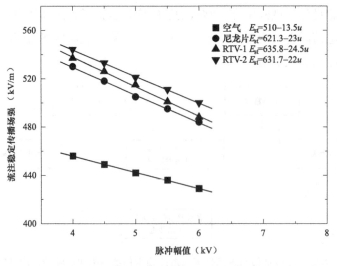

图 2-14　三种绝缘介质表面流注稳定传播场强随脉冲幅值的变化

二、流注传播路径的试验结果

利用光电倍增管测量洁净和涂抹 RTV 的尼龙介质表面流注发展过程，发现沿面流注存在两个分量："沿面"分量和"空气"分量，光电倍增管输出的示波图与第一章第二节第二部分的类似。同时，利用紫外分析仪拍摄了尼龙片和涂抹 RTV2 的尼龙片表面流注传播路径的照片，不同外加电场强度作用下尼龙片表面流注传播路径的照片如图 2-15 所示，不同外加电场强度作用下涂抹 RTV2 的尼龙片表面流注传播路径的照片如图 2-16 所示。大于流注稳定传播场强后，尼龙和涂抹 RTV2 的尼龙片表面流注都拥有"沿面"分量和"空气"分量，"沿面"分量沿着绝缘介质表面发展，而"空气"分量在远离绝缘介质的空气中发展，试验结果与第一章第二节第二部分一致。对比图 2-15 和图 2-16 在相同电场强度下尼龙和涂抹 RTV2 的尼龙片表面流注放电的发光强度，可以发现尼龙表面流注放电发光强度要远大于涂抹 RTV2 的尼龙片表面流注放电的发光强度，说明尼龙表面流注头部电荷较多，流注放电更加强烈。

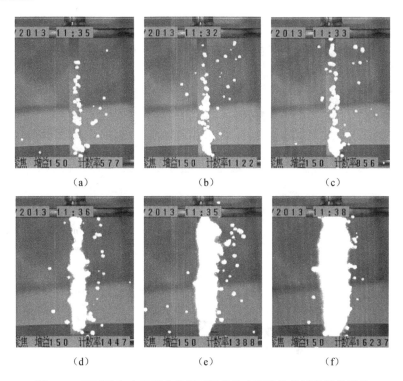

图 2-15 不同外加电场强度作用下尼龙片表面流注传播路径的照片

（a）500kV/m；（b）530kV/m；（c）550kV/m；（d）590kV/m；（e）620kV/m；（f）660kV/m

三、流注传播速度的试验结果

尼龙片和涂抹 RTV 的尼龙片表面流注的稳定传播速度和外加脉冲电源幅值的关系如图 2-17 所示。尼龙片和涂抹 RTV 的尼龙片表面流注稳定传播速度都和脉冲幅值成线性关系，随着脉冲幅值的增大，流注稳定传播速度增大。如图 2-18 和图 2-19 所示分别给出了尼龙片和涂抹 RTV 的尼龙片表面流注"沿面"分量和"空气"分量速度随外加电场强度变化的曲线。图 2-18 和图 2-19 中的流注速度曲线通过式（1-4）进行拟合，式（1-4）中的相关系数见表 2-2。可以发现尼龙表面涂抹 RTV 涂料之后表面流注的"沿面"传播速度减慢了，而且不同 RTV 涂层的流注"沿面"传播速度也存在差别。三种绝缘介质表面流注的"空气"传播速度差异较小，大小基本相同。

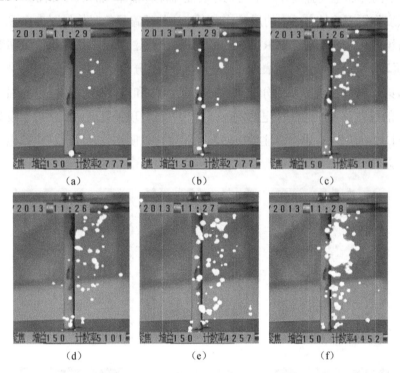

图 2-16　不同外加电场强度作用下涂抹 RTV2 的尼龙片表面流注传播路径的照片
（a）510kV/m；（b）540kV/m；（c）560kV/m；（d）590kV/m；（e）630kV/m；（f）660kV/m

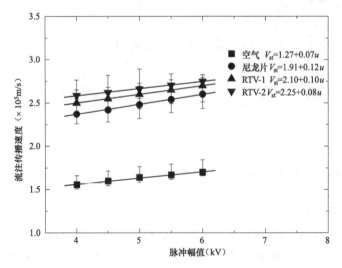

图 2-17　尼龙片和涂抹 RTV 的尼龙片表面流注稳定传播速度随脉冲幅值的变化

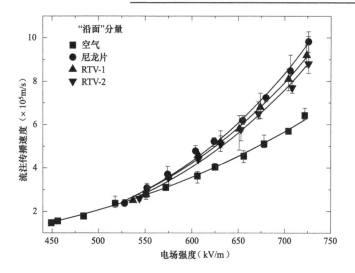

图 2-18　尼龙片和涂抹 RTV 的尼龙片表面流注"沿面"分量传播速度随外加电场强度的变化
（脉冲幅值 4kV）

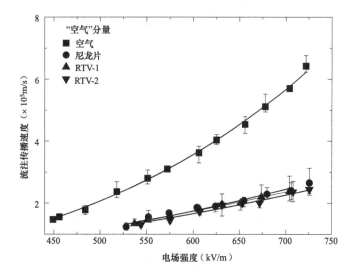

图 2-19　尼龙片和涂抹 RTV 的尼龙片表面流注"空气"分量传播速度随外加电场强度的变化
（脉冲幅值 4kV）

表 2-2　　　　　　　　　　　　式（1-4）中的相关系数取值

材　料	E_{st}（kV/m）	"沿面"分量（见图 2-18）			"空气"分量（见图 2-19）		
		V_{st}（×10⁵m/s）	$\gamma \times 100$	n	V_{st}（×10⁵m/s）	$\gamma \times 100$	n
空　气	456	1.56	0.22	3	1.56	0.23	3
尼龙片	528	2.37	0.15	4.3	1.23	3.24	2.2
RTV-1	537	2.50	1.69	4.1	1.34	0.75	2.1
RTV-2	544	2.58	1.16	4.1	1.3	2.48	2.2

四、流注发光强度的试验结果

尼龙片和涂抹 RTV 的尼龙片表面流注稳定传播过程中发光强度随脉冲幅值的变化如图 2-20 所示。可以看出，尼龙片和涂抹 RTV 的尼龙片表面流注稳定传播中发光强度都与外加脉冲幅值成线性关系，有些成正比例关系，而有些成反比例关系。原因已在第一章第二节第四部分中介绍。如图 2-21 和图 2-22 所示分别给出了尼龙片和涂抹 RTV 的尼龙片表面流注"沿面"分量和"空气"分量发光强度随外加电场强度变化的规律。图 2-21 和图 2-22 所示的流注速度曲线通过式（1-7）进行拟合，式（1-7）中的相关系数见表 2-3。

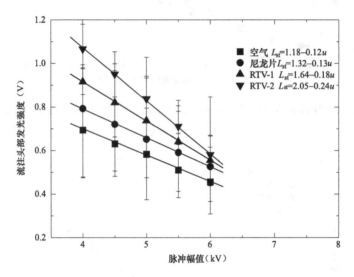

图 2-20　尼龙片和涂抹 RTV 的尼龙片表面流注稳定传播过程中
发光强度随脉冲幅值的变化

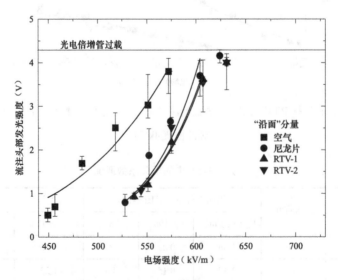

图 2-21　尼龙片和涂抹 RTV 的尼龙片表面流注"沿面"分量发光强度随
外加电场强度的变化（脉冲幅值 4kV）

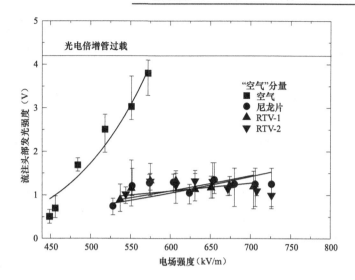

图 2-22 尼龙片和涂抹 RTV 的尼龙片表面流注"空气"分量发光强度随外加电场强度的变化

（脉冲幅值 4kV）

三种试片"沿面"分量发光强度存在很大差别，而"空气"分量发光强度却差别较小。此外，尼龙表面涂抹 RTV 涂料之后表面流注的发光强度减弱了，与紫外分析仪测量结果相符。与图 2-18、图 2-19 对比，可以看出绝缘介质表面流注发光强度强的，其流注传播速度也大。因为流注发光强度与后续光电离有着密切的关系，流注发光强度越强，后续光电离就会越剧烈，促进了后续流注的发展，传播速度也会越大。

表 2-3 式（1-7）中相关系数

材 料	E_{st}（kV/m）	"沿面"分量（见图 2-21）			"空气"分量（见图 2-22）		
		L_{st}（V）	$\eta \times 100$	n	L_{st}（V）	$\eta \times 100$	n
空 气	456	0.69	6.32	6	0.69	6.32	6
尼龙片	528	0.79	0.26	12	0.74	4.45	2
RTV-1	537	0.92	0.33	11	0.89	0.24	1.8
RTV-2	544	1.07	0.48	11	1.02	−7.79	1

五、试验结果分析

试验结果显示：涂抹 RTV 的尼龙片表面流注稳定传播场强大于洁净尼龙片表面流注稳定传播场强，在相同电场强度下，涂抹 RTV 的尼龙片表面流注传播速度小于洁净尼龙片表面流注传播速度。此外，不同厂家 RTV 涂层表面流注稳定传播场强和传播速度也存在差异，涂抹 RTV2 的尼龙片表面流注稳定传播场强大于涂抹 RTV1 的尼龙片表面流注稳定传播场强，在相同电场强度下，涂抹 RTV2 的尼龙片表面流注传播速度小于涂抹 RTV1 的尼龙片表面流注传播速度。

首先分析尼龙片涂抹 RTV 后，介电常数变化带来的影响。尼龙片的介电常数是 5，RTV-1

的介电常数是 3.6，RTV-2 的介电常数是 3.8。如图 2-23 所示为尼龙片和涂抹 RTV 的尼龙片表面针电极前方 1mm 以内电场分布变化情况，RTV 涂层考虑为 0.5mm。可以发现尼龙和涂抹 RTV 的尼龙片针电极处电场分布基本是相同的，只是涂抹 RTV 的尼龙片针电极处电场被略微加强。虽然 RTV 涂层介电常数比尼龙介质小，但是尼龙片涂抹 RTV 后体积变大了，整体的容性（介电常数）增加，所以会增加针尖处的电场。可是 RTV 涂层对针尖处电场增加很小，说明 RTV 涂层对尼龙片整体介电常数（容性）的改变很小，RTV 涂层造成的介电常数变化给间隙电场分布造成的影响应该很小。从第一章中的分析可知介电常数（容性）对绝缘介质表面电荷的积累和流注发展过程中头部电荷的附着效应有一定的影响，介电常数（容性）越大的绝缘介质表面流注发展过程中头部电荷附着于介质表面的越多，流注发展也越困难。由于 RTV 涂层使得尼龙片整体介电常数（容性）略微增加，因此，RTV 涂层会导致沿面流注发展过程中头部电荷的附着效应略微增加，从而导致流注的发展受到一定程度的抑制。可是试验结果显示尼龙片和涂抹 RTV 后的尼龙片表面流注稳定传播场强差异较大，RTV 涂层造成的介电常数变化应该不会造成这么大的差异，肯定是尼龙片涂抹 RTV 后表面性能变化造成的。

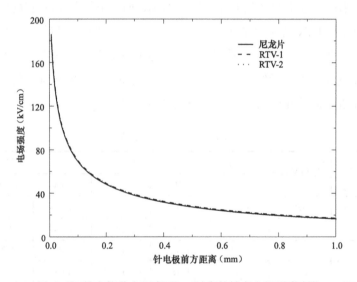

图 2-23　针电极前方距离 1mm 以内的轴向电场强度变化

当尼龙片表面涂抹 RTV 后，表面状况发生很大的变化。两种 RTV 涂层在 40 倍和 400 倍显微镜下的照片如图 2-24 所示，尼龙的照片可以参照图 2-9。从图 2-24 中可以发现 RTV 涂层表面的粗糙度大于尼龙片；介质表面粗糙度越大，表面电荷积累越严重，越不利于流注的发展。因此，单从粗糙度方面考虑，尼龙介质有利于沿面流注的发展，RTV 涂层不利于流注的发展。由于两种 RTV 涂料的黏稠度存在差异，涂刷到尼龙片上后，两种 RTV 涂层的表面粗糙度不同，RTV2 明显大于 RTV1，因此，RTV2 表面应该比 RTV1 容易积累电荷，这应该是涂抹 RTV2 的尼龙片表面流注比涂抹 RTV1 的尼龙片表面流注难发展的一个原因。

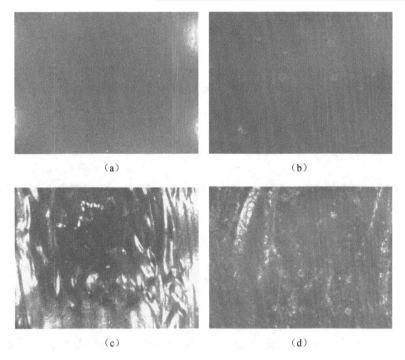

图 2-24 两种 RTV 涂层在 40 倍和 400 倍显微镜下的照片

（a）RTV1（40 倍）；（b）RTV1（400 倍）；（c）RTV2（40 倍）；（d）RTV2（400 倍）

两种 RTV 涂层在扫描电镜下的照片如图 2-25 所示，尼龙片的照片可以参考图 2-11。可以看出尼龙材料表面的微孔缺陷最多，RTV 涂层较少。结合本章第二节第四部分的尼龙和硅橡胶 TSC 曲线和扫描电镜照片的对比分析，可以知道尼龙介质表面陷阱很多，而且大都是浅陷阱，RTV 涂层中的表面陷阱很少，陷阱能级较深。因此，尼龙介质表面很容易在高场强作用下或光子、高能电子碰撞下释放电子，参与碰撞电离形成二次电子崩，促进流注的发展，而 RTV 涂层表面陷阱很少，深度很深，需要更高的外加电场强度或更高能量的光子、电子撞击才会释放二次电子。在相同的条件下，RTV 涂层表面光致电子发射效应远小于尼龙介质。因此，将导致 RTV 涂层比尼龙更不利于流注的传播。此外，RTV1 涂层的表面微孔陷阱比 RTV2 的要多，因此，RTV1 涂层表面光致电子发射效应大于 RTV2 涂层，RTV1 涂层比 RTV2 涂层更有利于流注的发展，与试验结果相符。

综上所述，从介质表面粗糙度和表面陷阱两方面考虑，尼龙介质都比 RTV 涂层有利于流注的传播，即尼龙片表面涂抹 RTV 涂料之后表面流注稳定传播场强大于洁净尼龙片表面流注稳定传播场强，相同电场强度下流注传播速度小于后者。从而印证了本章第二节中试验结果（硅橡胶表面性能比尼龙介质不利于流注传播）的正确性。从介质表面粗糙度和表面陷阱两方面出发，也可以很好地解释不同厂家 RTV 涂层表面流注稳定传播场强和传播速度存在差异的原因。不同厂家的 RTV 涂料在流注传播特性上存在差异，特别是流注稳定传播场强之间存在不小的差距，说明不同厂家的 RTV 涂层的绝缘性能存在较大的差异，而利用 RTV 涂层表面流注传播特性试验可以发现这一差异。因此，RTV 涂层表面流注传播特性试验可以用来检验和评估 RTV 涂层的绝缘性能。

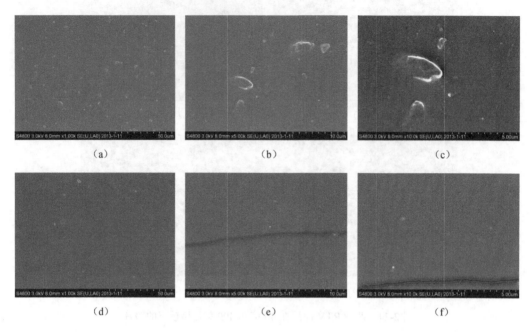

图 2-25　两种 RTV 涂层扫描电镜下的照片

（a）RTV1（1k 倍）；（b）RTV1（1k 倍）；（c）RTV1（10k 倍）；（d）RTV2（1k 倍）；

（e）RTV2（5k 倍）；（f）RTV2（10k 倍）

第四节　本　章　小　结

本章利用试验定量描述了绝缘介质的介电常数和表面性能（电荷积累和附着、光致电子发射的能力）对沿面流注稳定传播场强和传播速度的影响。利用涂抹 RTV 涂料的尼龙片表面流注传播特性试验，不仅验证了前一个试验结果的正确性，也分析了 RTV 涂层对表面流注传播特性的影响，为评估 RTV 涂料的绝缘性能提供了一种新的方法。

本章主要结论如下：

（1）尼龙和聚四氟乙烯组合：介电常数由 5 减少到 2.2 造成的流注稳定传播场强减少了 20kV/m，而尼龙和聚四氟乙烯表面性能的差异造成流注稳定场强的变化量为 4kV/m；组合介质的介电常数由 5 减少到 2.2 造成的流注传播速度的增大量为 $0.61×10^5$m/s，而尼龙和聚四氟乙烯表面性能的差异造成流注传播速度的变化量为 $0.12×10^5$m/s。

（2）硅橡胶和聚四氟乙烯组合：硅橡胶的介电常数由 3.6 减少到 2.2 造成的流注稳定场强的减小量为 10kV/m，而硅橡胶和聚四氟乙烯表面性能的差异造成流注稳定场强的变化量为 10kV/m；硅橡胶的介电常数由 3.6 减少到 2.2 造成的流注传播速度的增大量为 0.39×

10^5m/s，而硅橡胶和聚四氟乙烯表面性能的差异造成流注传播速度的变化量为 $0.40×10^5$m/s。

（3）介电常数大的绝缘介质表面流注稳定传播场强大，而流注的传播速度小。本章主要从介电常数对针尖电场畸变影响、流注发展前表面电荷积累对间隙电场畸变影响和流注发展时电荷附着效应影响等方面进行了机理和原因分析。

（4）尼龙介质的表面性能与聚四氟乙烯相比更有利于流注的传播；硅橡胶的表面性能与聚四氟乙烯相比更不利于流注的传播。本章主要从表面粗糙度、表面缺陷对表面电荷积累的影响、流注传播过程中电荷附着效应的影响和表面光致电子发射效应的影响等方面进行了机理和原因分析。

（5）尼龙片表面涂抹 RTV 涂料之后表面流注稳定传播场强大于洁净尼龙片表面流注稳定传播场强，相同电场强度下，流注传播速度和头部发光强度小于后者。不同 RTV 涂层表面流注稳定传播场强、传播速度和头部发光强度存在差异，主要是不同厂家的 RTV 涂料在表面性能上存在差异造成的。

第三章

绝缘子伞裙结构对沿面流注
放电影响机理

绝缘子伞裙结构的设计要考虑诸多影响因素，合理的设计绝缘子伞裙结构可以提高沿面闪络电压，保证输电线路供电的可靠性。第一章和第二章进行了光滑绝缘介质表面流注传播特性的研究，本章将在第一章和第二章的基础上研究伞裙结构对绝缘子表面流注传播特性的影响，从抑制沿面流注放电的角度探讨绝缘子伞裙结构的设计。

在均匀电场作用下利用光电倍增管和紫外分析仪研究了伞裙直径、位置、组合、形状等因素对沿面流注发展特性的影响。着重研究了不同伞裙结构下沿面流注稳定传播场强、传播路径、传播速度以及流注头部发光强度的差异，分析和总结了伞裙结构对绝缘子表面流注发展特性的影响机理。

▌▌▌ 第一节 试验设备及绝缘子模型

本章中所用的试验设备和测量系统和第一章第一节中一致，只是将试验中所用的光滑圆柱形绝缘子替换为带伞裙的绝缘子。试验中，不同伞裙直径（60、70、80、90、100mm）的绝缘子、不同伞裙位置（80mm 伞裙位于针电极上方 3、5、7cm 处）、不同伞裙组合（70mm 小伞裙在下，80mm 大伞裙在上型；80mm 大伞裙在下，70mm 小伞裙在上型）十种绝缘子所采用的材料是硅橡胶材料。这十种绝缘子的示意图如图 3-1 所示。由于硅橡胶材质比较软，在没有模具的情况下很难加工出不同伞裙形状的绝缘子，因此，不同伞裙形状的绝缘

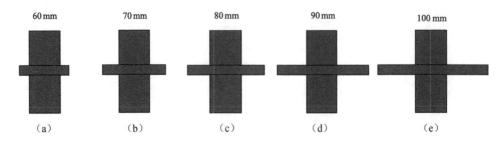

图 3-1 十种绝缘子的示意图（一）

（a）60mm 直径伞裙；（b）70mm 直径伞裙；（c）80mm 直径伞裙；（d）90mm 直径伞裙；（e）100mm 直径伞裙

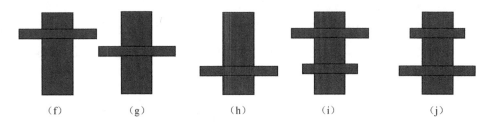

图 3-1　十种绝缘子的示意图（二）

（f）80mm 伞裙位于针电极上方 3cm 处；（g）80mm 伞裙位于针电极上方 5cm 处；（h）80mm 伞裙位于针电极
上方 7cm 处；（i）70mm 小伞裙在下，80mm 大伞裙在上型；（j）80mm 大伞裙在下，70mm 小伞裙在上型

子采用的是尼龙材料。三种不同伞裙形状的绝缘子 F、G、H 的伞裙处倒圆角直径分别为 25、16、5mm，伞裙直径为 70mm，三种伞裙形状绝缘子的示意图如图 3-2 所示。为方便起见，在下文的叙述中伞裙处倒圆角大的绝缘子称为伞裙弧度大的绝缘子。试验时，室内温度稳定在 20℃ 左右，相对湿度保持在 60% 左右，气压为标准大气压，试验地点是深圳。

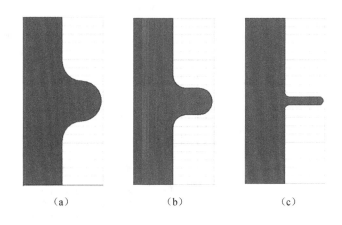

图 3-2　三种伞裙形状绝缘子的示意图

（a）伞裙处倒圆角直径为 25mm；（b）伞裙处倒圆角直径为 16mm；（c）伞裙处倒圆角直径为 5mm

第二节　伞裙直径影响沿面流注发展特性的试验结果

一、流注传播场强

不同伞裙直径绝缘子表面流注传播概率随外加电场强度的变化曲线如图 3-3 所示。利用高斯拟合式（1-1）求出流注稳定传播场强，如图 3-4 所示给出了不同伞裙直径的绝缘子表面流注稳定传播场强随脉冲幅值的变化。从图 3-3 和图 3-4 可以看出，不管是空气中，还是沿绝缘子表面（光滑或有伞裙）流注稳定传播场强都和脉冲幅值成线性关系，随着脉

冲幅值的增大，流注稳定传播场强减小，原因如第一章第二节第一部分所述。此外，可以看出带伞裙绝缘子表面流注传播所需要的场强远远大于光滑圆柱绝缘子表面流注传播所需要的场强，并且其流注稳定传播场强与伞裙直径正相关，伞裙直径越大，流注稳定传播所需场强越高。

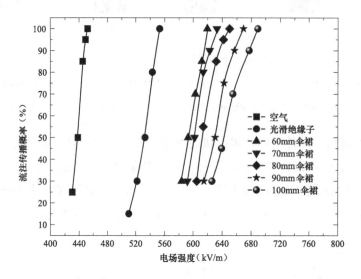

图 3-3　不同伞裙直径绝缘子表面流注传播概率随外加电场强度的变化（脉冲幅值 4kV）

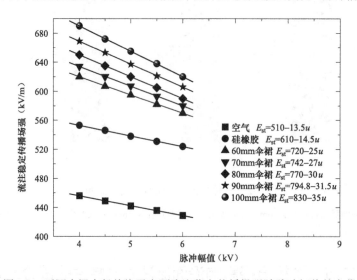

图 3-4　不同伞裙直径绝缘子表面流注稳定传播场强随脉冲幅值的变化

二、流注传播路径

绝缘子有伞裙存在时，伞裙将畸变局部电场，改变流注的传播路径，因此，带伞形绝缘子表面流注传播特性将与空气中、光滑圆柱绝缘子表面流注传播特性存在差异。光电倍增管监测伞裙直径 70mm 的绝缘子表面流注发展的典型波形图如图 3-5 所示。对准伞形下边缘的光电倍增管 2 号测到了两个分量，即"沿面"分量和"空气"分量，而对准阴极板

54

的光电倍增管 3 号只测到了一个速度较慢的分量，从速度上看是"空气"分量。因此，可以认为带伞裙的绝缘子表面流注传播也拥有两个分量，"空气"分量和"沿面"分量，与光滑圆柱绝缘子的流注传播情况类似。但是其流注"沿面"分量在伞裙处受到阻挡，不能越过伞裙发展到达阴极板，只有"空气"分量能够越过伞裙到达阴极板。

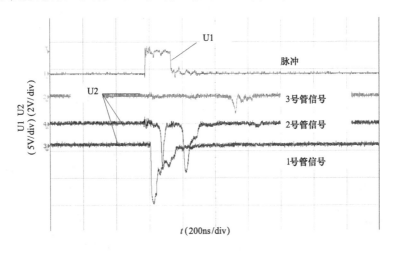

图 3-5　光电倍增管监测伞裙直径 70mm 的绝缘子表面流注发展的典型波形图（E=630kV/m）

利用紫外分析仪拍摄了不同伞裙直径绝缘子表面流注传播路径的照片。不同外加电场强度作用下伞裙直径 70mm 绝缘子表面流注传播路径的照片如图 3-6 所示，不同外加电场强度作用下伞裙直径 100mm 绝缘子表面流注传播路径的照片如图 3-7 所示，每一张照片都对应一次流注的传播情况。可以发现带伞裙的绝缘子表面流注传播拥有两个分量，"空气"分量和"沿面"分量；但是其流注"沿面"分量在伞裙处受到阻挡，不能越过伞裙发展到达阴极板，只有"空气"分量能够越过伞裙到达阴极板，与上文中光电倍增管测量结果一致。

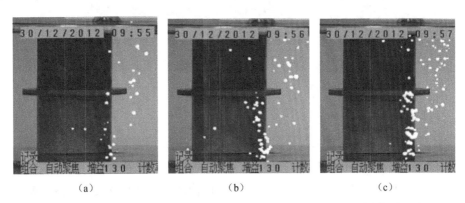

图 3-6　不同外加电场强度作用下伞裙直径 70mm 绝缘子表面流注传播路径的照片（一）

（a）610kV/m；（b）630kV/m；（c）640kV/m

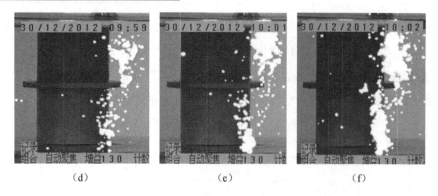

图 3-6　不同外加电场强度作用下伞裙直径 70mm 绝缘子表面流注传播路径的照片（二）

（d）680kV/m；（e）710kV/m；（f）740kV/m

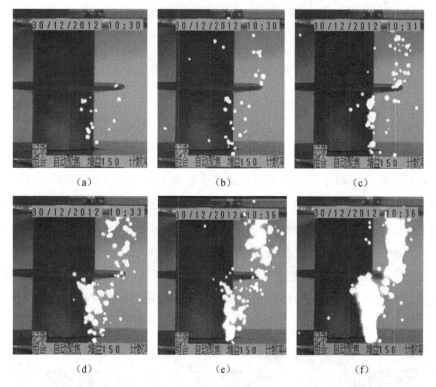

图 3-7　不同外加电场强度作用下伞裙直径 100mm 绝缘子表面流注传播路径的照片

（a）630kV/m；（b）670kV/m；（c）690kV/m；（d）710kV/m；（e）730kV/m；（f）760kV/m

三、流注传播速度

不同伞裙直径绝缘子表面流注稳定传播速度随脉冲幅值的变化如图 3-8 所示，其中，光滑圆柱绝缘子表面流注给出的是"沿面"分量的速度，带伞裙绝缘子表面流注给出的是"空气"分量的速度。空气中和光滑圆柱绝缘子表面流注稳定传播速度都与脉冲幅值成线性正比例关系，随着脉冲幅值增加，流注稳定传播速度增加；带伞裙绝缘子表面流注稳定传播速度也都与脉冲幅值成比例关系，当伞裙直径较小时成正比例关系，伞裙直径较大时成反比例关系。原因解释如下：脉冲幅值为流注的产生和传播提供能量，脉冲幅值越大，流注初始时从脉冲电源获得的能量越大，因此流注初始速度会越大。不过在后续的流注传播中，由于外加电场强度（流注稳定传播场强）较小，流注从外加均匀电场获得的能量会小一些，传播速度会有所减少。当因脉冲幅值的增加而多注入的能量，不能弥补由于外加电场强度减小而造成的流注能量损失时，特别是伞裙越大流注在伞裙处的能量损失越严重，就造成了某些伞裙较大的绝缘子表面流注稳定传播速度随着脉冲幅值的增加而减小。

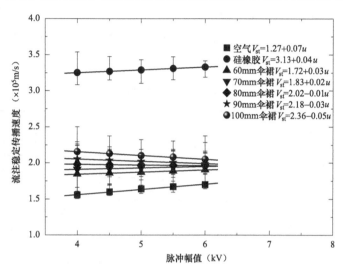

图 3-8　不同伞裙直径绝缘子表面流注稳定传播速度随脉冲幅值的变化

不同伞裙直径绝缘子表面流注"空气"分量传播速度随外加电场强度的变化曲线如图 3-9 所示，拟合曲线采用式（1-4），式（1-4）中的相关系数取值见表 3-1。流注"空气"分

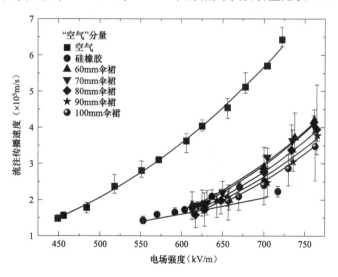

图 3-9　不同伞裙直径绝缘子表面流注"空气"分量传播速度随外加
电场强度的变化（脉冲幅值 4kV）

量传播速度与伞裙直径成反比关系，随着伞裙的增大，流注传播速度减小。此外，光滑圆柱绝缘子表面流注"空气"分量的速度小于带伞形绝缘子表面流注"空气"分量的速度，原因是光滑圆柱绝缘子表面流注"沿面"分量抑制了"空气"分量的发展，而带伞形绝缘子只在前半段有"沿面"分量，"沿面"分量不能越过伞裙，"空气"分量在后半段不受"沿面"分量制约，所以带伞裙的绝缘子流注传播路径虽然会因伞裙的存在而变长，但其"空气"分量的发展速度反而大于光滑圆柱绝缘子表面流注"空气"分量的速度。

如图 3-10 所示给出了绝缘子伞裙前后半段流注"空气"分量传播速度随外加电场强度的变化曲线。伞裙后面半段流注"空气"分量速度明显大于前半段流注"空气"分量速度，而光滑绝缘子前后半段流注"空气"分量速度相差不大，证明了前面分析的正确性。

表 3-1　　　　　　　　　　　式（1-4）中的相关系数取值

伞裙直径	E_{st}（kV/m）	"沿面"分量			"空气"分量（见图3-9）		
		V_{st}（×10⁵m/s）	$\gamma×100$	n	V_{st}（×10⁵m/s）	$\gamma×100$	n
空气	456	1.56	−0.22	3	1.56	0.23	3
硅橡胶	553	3.25	−1.34	4.8	1.43	0.54	2.4
60mm	620	—	—	—	1.85	−0.19	3.9
70mm	631	—	—	—	1.91	0.54	3.8
80mm	650	—	—	—	1.98	0.90	4
90mm	669	—	—	—	2.05	−0.22	3.8
100mm	690	—	—	—	2.15	1.10	3.8

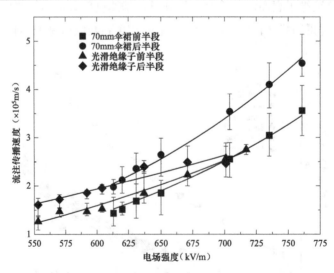

图 3-10　绝缘子伞裙前后半段流注"空气"分量传播速度随外加电场强度的变化（脉冲幅值 4kV）

四、流注发光强度

不同伞裙直径绝缘子表面流注稳定发光强度随脉冲幅值的变化曲线如图 3-11 所示。其中，光滑圆柱绝缘子表面流注给出的是"沿面"分量的发光强度，带伞裙绝缘子表面流注给出的是"空气"分量的发光强度。从图3-11中可以看出，空气中和绝缘子表面流注稳定传播中发光强度都与脉冲幅值成反比例关系，原因如第一章第二节第四部分所述。

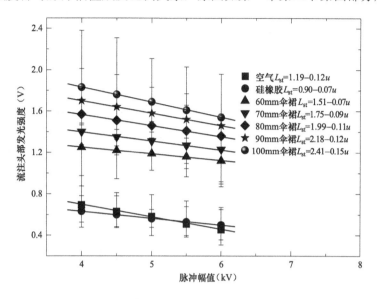

图3-11　不同伞裙直径绝缘子表面流注稳定发光强度随脉冲幅值的变化

如图3-12所示不同伞裙直径绝缘子表面流注"空气"分量发光强度随外加电场强度的变化，拟合曲线采用式（1-7），式（1-7）中相关系数取值见表3-2。带伞裙绝缘子表面流注"空气"分量发光强度与伞裙直径成反比，伞裙越大，流注头部发光强度越弱，后续光

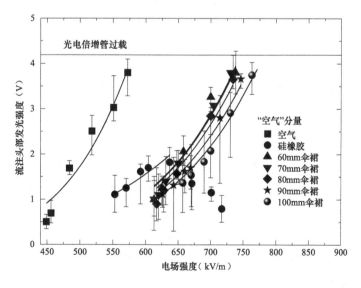

图3-12　不同伞裙直径绝缘子表面流注"空气"分量发光强度随外加
电场强度的变化（脉冲幅值4kV）

电离会越微弱，流注的传播速度也会越慢。与本章第二节第三部分类似，光滑圆柱绝缘子表面流注"空气"分量的发光强度小于带伞形绝缘子表面流注"空气"分量的发光强度，应该还是由于光滑圆柱绝缘子表面流注"沿面"分量抑制了"空气"分量的发展，而带伞形绝缘子"沿面"分量不能越过伞裙，因此，"空气"分量在后半段不受"沿面"分量制约，所以带伞裙的绝缘子流注 "空气"分量的发光强度大于光滑圆柱绝缘子表面流注"空气"分量的发光强度，相应的流注传播速度也会较大。

表 3-2 式（1-7）中相关系数取值

伞裙直径	E_{st}（kV/m）	"沿面"分量			"空气"分量（图 3-12）		
		L_{st}（V）	$\eta \times 100$	n	L_{st}（V）	$\eta \times 100$	n
空气	456	0.69	6.32	6	0.69	6.32	6
硅橡胶	553	0.63	−0.11	9	1.11	0.42	4
60mm	620	—	—	—	1.25	1.76	6
70mm	631	—	—	—	1.40	1.41	6
80mm	650	—	—	—	1.57	1.10	6
90mm	669	—	—	—	1.70	1.28	6
100mm	690	—	—	—	1.83	1.54	6

第三节 伞裙位置及组合影响沿面流注发展特性的试验结果

一、流注传播场强

不同伞裙位置及组合的绝缘子表面流注传播概率随外加电场强度的变化曲线如图 3-13 所示，绝缘子类型编号参考图 3-1。不同伞裙位置和组合的绝缘子表面流注稳定传播场强随脉冲幅值的变化如图 3-14 所示，从图中分析发现空气流注和沿面流注的稳定传播场强都和脉冲幅值成线性关系，随着脉冲幅值的增大，流注稳定传播场强减小，原因已在第一章第二节第一部分中解释。此外，伞裙越靠近流注起始位置，流注稳定传播所需的电场强度越大。双伞裙的绝缘子的流注传播特性受靠近流注起始位置的伞裙的影响最大，基本上不受另一个伞裙的影响。这与英国学者 Tan 和 Allen 等人在绝缘子沿面闪络的研究结论类似，单伞裙绝缘子的伞裙越靠近闪络起始位置，绝缘子沿面闪络电压越高；双伞裙绝缘子靠近闪络起始位置的伞裙对闪络电压的影响最大，另一个伞裙的影响很小。

二、流注传播路径

利用紫外分析仪拍摄了不同伞裙位置和组合绝缘子表面流注传播路径的照片。不同外加电场强度作用下绝缘子 A 表面流注传播路径的照片如图 3-15 所示，不同外加电场强度作用下绝缘子 C 表面流注传播路径的照片如图 3-16 所示，不同外加电场强度作用下绝缘子 D 表面流注传播路径的照片如图 3-17 所示，不同外加电场强度作用下绝缘子 E 表面流注传播路径的照片如图 3-18 所示，每一张照片都对应一次流注的传播情况。从图 3-15～图 3-18 中可以发现在伞裙前绝缘子表面流注传播拥有两个分量，"空气"分量和"沿面"分量，但是流注"沿面"分量在伞裙处受到阻挡，不能越过伞裙发展到达阴极板，只有"空气"分量能够越过伞裙到达阴极板，与本章第二节第二部分的结果一致。

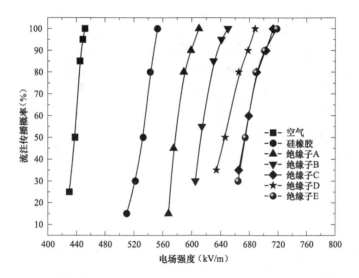

图 3-13 不同伞裙位置和组合绝缘子表面流注传播概率随外加
电场强度的变化（脉冲幅值 4kV）

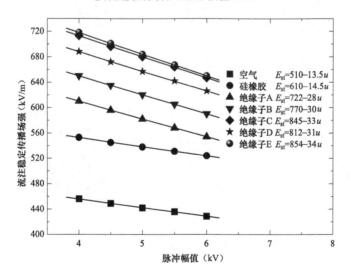

图 3-14 不同伞裙位置和组合绝缘子表面流注稳定
传播场强随脉冲幅值的变化

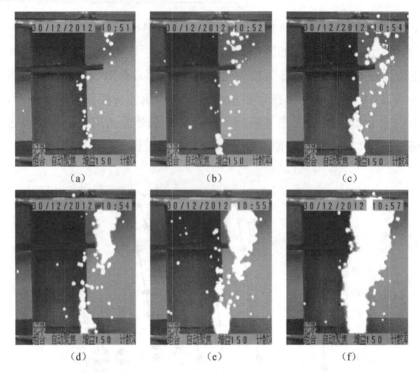

图 3-15　不同外加电场强度作用下绝缘子 A 表面流注传播路径的照片

（a）600kV/m；（b）630kV/m；（c）650kV/m；（d）680kV/m；（e）700kV/m；（f）750kV/m

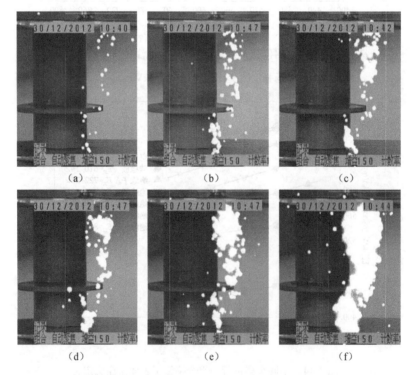

图 3-16　不同外加电场强度作用下绝缘子 C 表面流注传播路径的照片

（a）670kV/m；（b）700kV/m；（c）720kV/m；（d）730kV/m；（e）750kV/m；（f）790kV/m

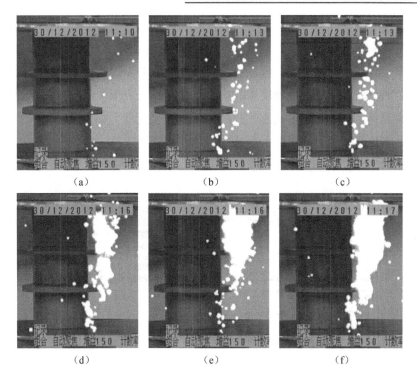

图 3-17 不同外加电场强度作用下绝缘子 D 表面流注传播路径的照片

（a）660kV/m；（b）690kV/m；（c）710kV/m；（d）730kV/m；（e）750kV/m；（f）780kV/m

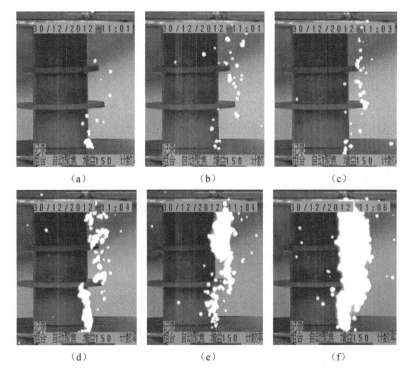

图 3-18 不同外加电场强度作用下绝缘子 E 表面流注传播路径的照片

（a）650kV/m；（b）700kV/m；（c）710kV/m；（d）730kV/m；（e）760kV/m；（f）800kV/m

三、流注传播速度

不同伞裙位置和组合绝缘子表面流注稳定传播速度随脉冲幅值的变化曲线如图3-19所示。空气中和光滑圆柱绝缘子表面流注稳定传播速度都与脉冲幅值成线性正比例关系，随着脉冲幅值增加，流注稳定传播速度增加。带伞裙绝缘子表面流注稳定传播速度与脉冲幅值成线性比例关系，伞裙位置远离流注起始位置的成正比例关系，伞裙位置靠近流注起始位置的成反比例关系，原因可参考本章第二节第三部分所述。

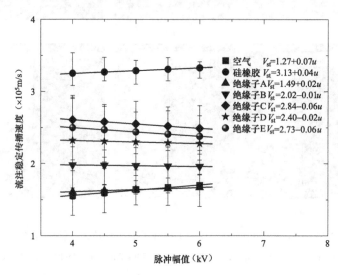

图 3-19 不同伞裙位置和组合绝缘子表面流注稳定传播速度随脉冲幅值的变化

不同伞裙位置和组合的绝缘子表面流注"空气"分量速度随外加电场强度变化的曲线如图 3-20 所示，拟合曲线采用式（1-4），式（1-4）中相关系数取值见表 3-3。伞裙位置对流注传播速度的影响与伞裙位置对流注稳定传播场强影响类似，伞裙靠近流注起始位置时对流注传播的抑制作用最大，表现为流注传播速度较小。此外，双伞裙的绝缘子表面流注传播速度要小于单伞裙的流注传播速度，而且受靠近流注起始位置伞裙的影响最大，另一个伞裙的影响作用很小。

表 3-3   式（1-4）中的相关系数取值

伞裙组合	E_{st} (kV/m)	"沿面"分量			"空气"分量（见图3-20）		
		$V_{st}(\times10^5\text{m/s})$	$\gamma\times100$	n	$V_{st}(\times10^5\text{m/s})$	$\gamma\times100$	n
空气	456	1.56	0.22	3	1.56	0.23	3
硅橡胶	553	3.25	−1.34	4.8	1.43	0.54	2.4
绝缘子 A	610	—	—	—	1.61	0.66	4
绝缘子 B	650	—	—	—	1.98	0.90	4
绝缘子 C	713	—	—	—	2.61	−0.33	5
绝缘子 D	690	—	—	—	2.32	−0.18	4.2
绝缘子 E	718	—	—	—	2.50	0.18	4.8

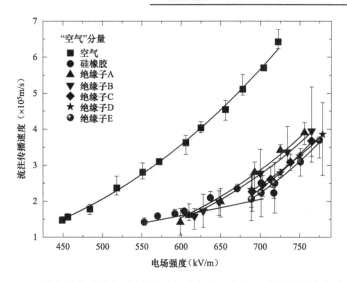

图 3-20 不同伞裙位置和组合绝缘子表面流注"空气"分量传播速度随外加
电场强度的变化（脉冲幅值 4kV）

四、流注发光强度

不同伞裙位置和组合绝缘子表面流注稳定传播过程中发光强度随脉冲幅值的变化曲线
如图 3-21 所示。从图 3-21 中可以看出，空气中、绝缘子表面流注稳定传播中发光强度都
与脉冲幅值成线性反比例关系，原因如第一章第二节第四部分所述。不同伞裙位置和组合
绝缘子表面流注"空气"分量发光强度随外加电场强度的变化的曲线如图 3-22 所示，拟合
曲线采用式（1-7），式（1-7）中相关系数见表 3-4。伞裙位置越靠近流注起始位置，流注
头部的发光强度越微弱，说明伞裙越靠近流注起始位置对流注电离过程抑制越强。双伞裙
绝缘子表面流注发光强度小于单伞裙绝缘子表面流注发光强度，这也就解释了为何双伞裙
绝缘子表面流注传播速度较小。

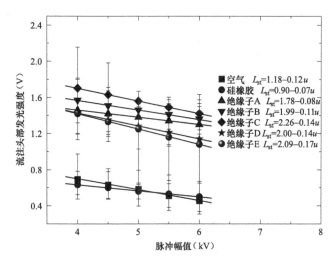

图 3-21 不同伞裙位置和组合绝缘子表面流注稳定传播过程中发光强度随脉冲幅值的变化

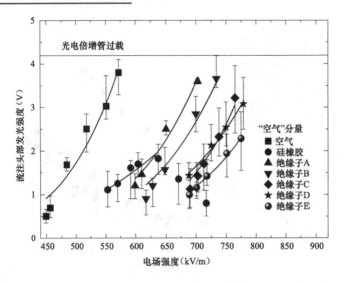

图 3-22 不同伞裙位置和组合绝缘子表面流注"空气"分量发光强度随外加
电场强度的变化（脉冲幅值 4kV）

表 3-4   式（1-7）中的相关系数取值

伞裙组合	E_{st}（kV/m）	"沿面"分量			"空气"分量（见图 3-22）		
		L_{st}（V）	$\eta \times 100$	n	L_{st}（V）	$\eta \times 100$	n
空气	456	0.69	6.32	6	0.69	6.32	6
硅橡胶	553	0.63	−0.11	9	1.11	0.42	4
绝缘子 A	610	—	—	—	1.46	0.66	6.2
绝缘子 B	650	—	—	—	1.57	1.10	6
绝缘子 C	713	—	—	—	1.70	0.28	8
绝缘子 D	690	—	—	—	1.43	1.07	6
绝缘子 E	718	—	—	—	1.41	−0.25	6.5

第四节 伞裙形状影响沿面流注发展特性的试验结果

一、流注传播场强

不同伞裙形状绝缘子表面流注传播概率随外加电场强度的变化曲线如图 3-23 所示，绝缘子类型编号参考图 3-2。不同伞裙形状绝缘子表面流注稳定传播场强随脉冲幅值的变化曲线如图 3-24 所示。从图 3-24 可以发现空气中和不同伞裙形状绝缘子表面流注稳定传播场强都和脉冲幅值成线性反比例关系，随着脉冲幅值的增大，流注稳定传播场强减小，原因已在第一章第二节第一部分的解释。此外，不同伞裙形状绝缘子表面流注稳定传播所需要的场强都远大于光滑圆柱形绝缘子表面流注传播所需要的场强，并且其流注稳定传播场强与伞裙弧度负相关，即随着伞裙弧度的增大而减小。

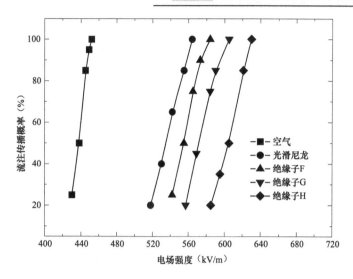

图 3-23　不同伞裙形状绝缘子表面流注传播概率随外加
电场强度的变化（脉冲幅值 4kV）

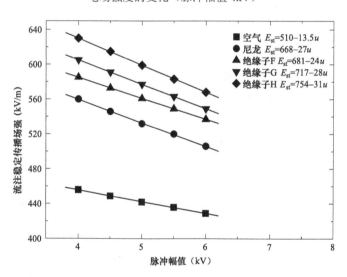

图 3-24　不同伞裙形状绝缘子表面流注稳定传播场强随脉冲幅值的变化

二、流注传播路径

利用光电倍增管测量了三种不同伞裙形状绝缘子表面流注发展过程，发现三种伞裙形状绝缘子表面流注"沿面"分量在伞裙处都受到阻挡，不能越过伞裙发展到达阴极板，只有"空气"分量能够越过伞裙到达阴极板。绝缘子 F 表面流注发展的典型波形图如图 3-25所示。利用紫外分析仪拍摄了不同伞裙形状绝缘子表面流注传播路径的照片。不同外加电场强度作用下绝缘子 F 表面流注传播路径的照片如图 3-26 所示，不同外加电场强度作用下绝缘子 G 表面流注传播路径的照片如图 3-27 所示，不同外加电场强度作用下绝缘子 H 表面流注传播路径的照片如图 3-28 所示。从图 3-26～图 3-28 中可以看出与光电倍增管测量

结果一致，三种伞裙形状绝缘子表面流注"沿面"分量在伞裙处受到阻挡，不能越过伞裙
发展到达阴极板，只有"空气"分量能够越过伞裙到达阴极板。

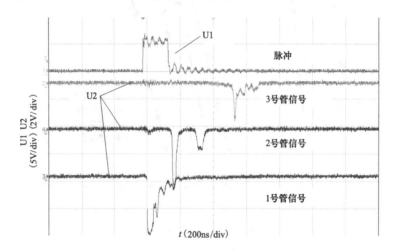

图 3-25　绝缘子 F 表面流注发展的典型波形图

（E=630kV/m）

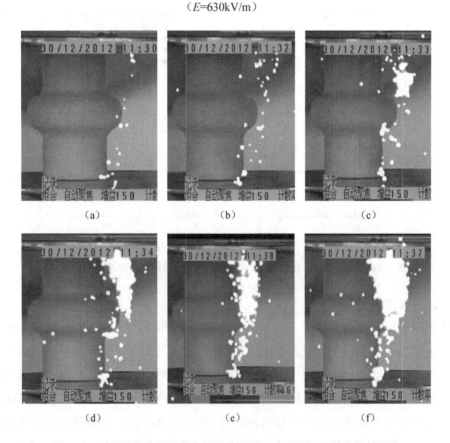

图 3-26　不同外加电场强度作用下绝缘子 F 表面流注传播路径的照片

（a）570kV/m；（b）590kV/m；（c）630kV/m；（d）680kV/m；（e）710kV/m；（f）740kV/m

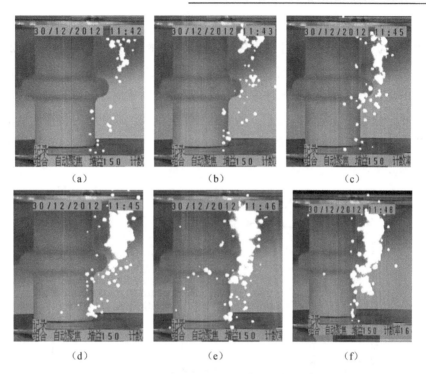

图 3-27　不同外加电场强度作用下绝缘子 G 表面流注传播路径的照片

（a）610kV/m；（b）630kV/m；（c）650kV/m；（d）690kV/m；（e）710kV/m；（f）750kV/m

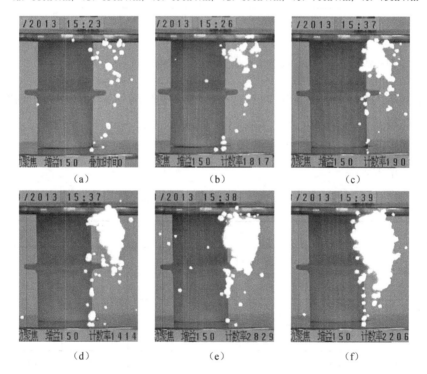

图 3-28　不同外加电场强度作用下绝缘子 H 表面流注传播路径的照片

（a）630kV/m；（b）650kV/m；（c）690kV/m；（d）720kV/m；（e）750kV/m；（f）780kV/m

三、流注传播速度

不同伞裙形状绝缘子表面流注稳定传播速度随脉冲幅值的变化曲线如图 3-29 所示。在图 3-29 中光滑圆柱尼龙材料表面流注给出的是"沿面"分量的速度，不同伞裙形状绝缘子表面流注给出的是"空气"分量的速度。空气中和光滑圆柱尼龙绝缘子表面流注稳定传播速度都与脉冲幅值成线性正比例关系，随着脉冲幅值增加，流注稳定传播速度增加。而不同伞裙形状绝缘子表面流注稳定传播速度与脉冲幅值成线性反比例关系，原因可参考本章第二节第三部分所述。

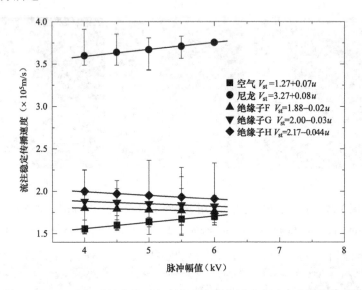

图 3-29 不同伞裙形状绝缘子表面流注稳定传播速度随脉冲幅值的变化

不同伞裙形状绝缘子表面流注"空气"分量传播速度随外加电场强度的变化如图 3-30 所示，拟合曲线采用式（1-4），式（1-4）中相关系数见表 3-5。相同电场强度下，不同伞裙形状绝缘子表面流注"空气"分量传播速度与伞裙弧度成正比，随着伞裙弧度的增大，流注传播速度增大。

表 3-5 式（1-4）中的相关系数取值

伞裙形状	E_{st}（kV/m）	"沿面"分量			"空气"分量（见图 3-30）		
		V_{st}（$\times 10^5$m/s）	$\gamma \times 100$	n	V_{st}（$\times 10^5$m/s）	$\gamma \times 100$	n
空气	456	1.56	0.22	3	1.56	0.23	3
尼龙	564	3.86	1.21	4	1.53	−3.19	1.6
绝缘子 F	585	—	—	—	1.80	−1.91	3.9
绝缘子 G	605	—	—	—	1.88	−0.30	4
绝缘子 H	630	—	—	—	2.00	0.50	4

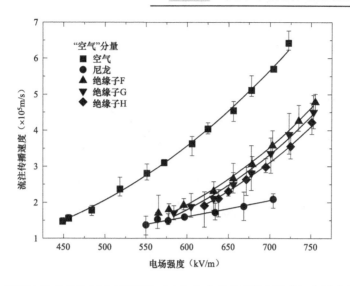

图 3-30　不同伞裙形状绝缘子表面流注"空气"分量传播速度随外加电场强度的变化

（脉冲幅值 4kV）

四、流注发光强度

不同伞裙形状绝缘子表面流注稳定传播过程中发光强度随脉冲幅值的变化如图 3-31 所示。从图 3-31 中可以看出，空气中、绝缘子表面流注稳定传播中发光强度都与脉冲幅值成线性反比例关系，原因如第一章第二节第四部分所述。不同伞裙形状绝缘子表面流注"空气"分量发光强度随外加电场强度的变化如图 3-32 所示，拟合曲线采用式（1-7），式（1-7）中相关系数见表 3-6。不同伞裙形状绝缘子表面流注"空气"分量发光强度与伞裙弧度成正比，伞裙弧度越大，流注头部发光强度越强，后续光电离也会越强，因此，伞裙弧度大的绝缘子表面流注传播速度越快。

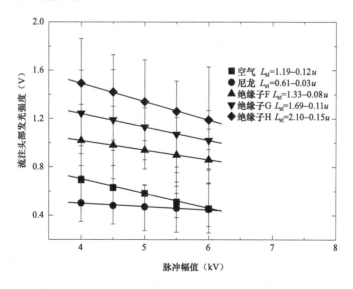

图 3-31　不同伞裙形状绝缘子表面流注稳定传播过程中发光强度随脉冲幅值的变化

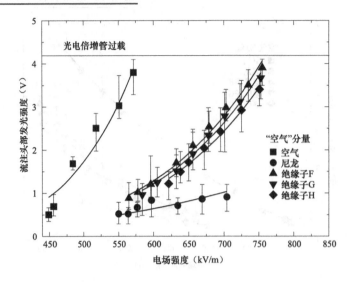

图 3-32　不同伞裙形状绝缘子表面流注"空气"分量发光强度随外加电场强度的变化

（脉冲幅值 4kV）

表 3-6		式（1-7）中相关系数取值					
材　料	E_{st}（kV/m）	沿面分量			空气分量（见图 3-32）		
		L_{st}（V）	$\eta \times 100$	n	L_{st}（V）	$\eta \times 100$	n
空　气	456	0.69	6.32	6	0.69	6.32	6
尼　龙	564	0.50	4.70	10	0.52	0.81	3
绝缘子 F	585	—	—	—	1.02	2.15	5
绝缘子 G	605	—	—	—	1.24	0.44	5
绝缘子 H	630	—	—	—	1.49	0.54	5

第五节　伞裙结构影响沿面流注发展特性的分析

一、流注传播路径

根据紫外分析仪拍摄的伞裙绝缘子表面流注放电的照片，如图 3-6 所示，带伞裙绝缘子表面流注传播路径也与光滑圆柱绝缘子表面流注传播路径一样，包括："沿面"路径和"空气"路径；不同之处是带伞裙绝缘子表面流注"沿面"路径在伞裙处中断，不能越过伞裙。带伞裙绝缘子表面流注"沿面"路径和"空气"路径的示意图如图 3-33 所示。在伞裙前，"空气"分量会远离绝缘介质向伞裙的边沿发展，这应该是受到了速度较快的"沿面"分量头部电荷的排斥作用。此外，"沿面"分量消失于伞裙处，可以想象其头部正离子在传播过程中与伞裙发生了剧烈的碰撞，大量的正离子附着于伞裙上，表面正电荷也会对"空气"分量产生排斥作用，改变"空气"分量流注头部的电场方向，使其沿着图 3-33 所示的路径发展。英国学者 Allen 的研究成果证明了伞裙处会附着大量的电荷，研究者测量了光滑圆柱绝缘子和带伞裙绝缘子存在时棒板电极电晕离子电流的大小，发现伞裙的存在将减小棒板间电晕离子电流，故研究者推测应该是大量的离子附着于伞裙处造成的。

"空气"分量发展越过伞裙后会沿着图 3-33 中实线和虚线代表的两个路径中的一个发展，两个路径在实际中都被紫外分析仪拍摄到过。"空气"分量沿虚线路径发展的原因在于上极板施加的负直流高压使得伞裙后半段的绝缘子表面积累了显著的负电荷。当流注"空气"分量越过伞裙后，流注头部的正电荷将会受到表面负电荷的吸引，向绝缘子表面偏转，"空气"分量将沿着"虚线"所代表的路径发展。如果表面负电荷对"空气"分量的吸引作用不强，那么"空气"分量将不会向绝缘介质偏转，其将沿着实线代表的路径发展。

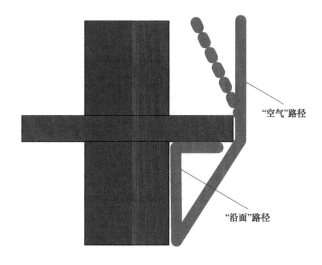

图 3-33　带伞裙绝缘子表面流注"沿面"路径和"空气"路径

二、流注传播路径上切向电场强度分布

根据如图 3-33 所示中的"沿面"路径和"空气"路径，利用电磁仿真软件（Ansoft 软件）计算了带伞裙绝缘子流注传播过程中在"沿面"路径和"空气"路径上切向电场强度的分布情况。其中，越过伞裙后的"空气"路径在计算时选取的是图 3-33 中的实线部分，没有考虑因表面负电荷而造成的路径偏移情况；带伞裙绝缘子表面流注"沿面"路径在伞裙处就中断了，但在计算中将其延伸到了整个绝缘介质表面，即伞裙后也假设"沿面"路径存在，沿着绝缘子表面发展。

不同伞裙直径绝缘子表面"沿面"路径切向电场强度分布如图 3-34 所示，不同伞裙位置和组合绝缘子表面"沿面"路径切向电场强度分布如图 3-35 所示，不同伞裙形状绝缘子表面"沿面"路径切向电场强度分布如图 3-36 所示，切向电场强度即传播路径上切向方向的电场强度。从图 3-34～图 3-36 中可以看出，在"沿面"路径上，伞裙上下平面处存在切向电场强度很小，甚至为负的区域，并且随着伞裙直径和伞裙弧度的增大，这一区域增大。

当流注发展到此处时，由于切向电场强度很小，电场提供的能量将不足以维持流注的传播，流注的发展可能中断。这就是有伞裙绝缘子表面流注"沿面"分量不能够到达阴极的原因，即"沿面"分量不能够跨越伞裙上下平面切向电场强度几乎为零的区域。

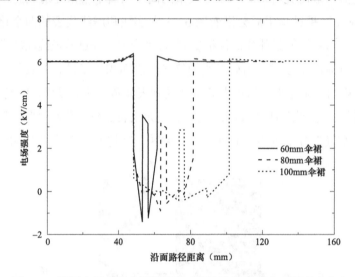

图 3-34　不同伞裙直径绝缘子表面"沿面"路径切向电场强度分布

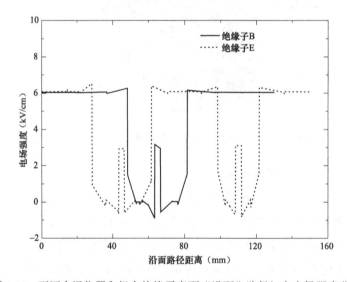

图 3-35　不同伞裙位置和组合绝缘子表面"沿面"路径切向电场强度分布

由于有伞裙绝缘子表面流注"沿面"分量不能到达阴极，只有"空气"分量可以到达阴极。故有伞裙绝缘子表面流注的稳定传播场强、传播速度等特性参数都是由"空气"分量决定的，所以"空气"分量传播路径上的切向电场强度分布对解释伞裙结构对流注传播特性的影响有很重要的意义。不同伞裙直径绝缘子表面"空气"路径切向电场强度分布如图 3-37 所示。空气路径前半段切向电场强度随着伞裙的增大而减小，伞裙直径越大，流注从电场中获得的能量越小，越不利于流注的传播。因此，不同伞裙直径绝缘子表面流注稳定传播场强随着伞裙直径增大而增大，相同外加电场强度作用下，流注传播速度和头部发光强度随着伞裙直径增大而减小。

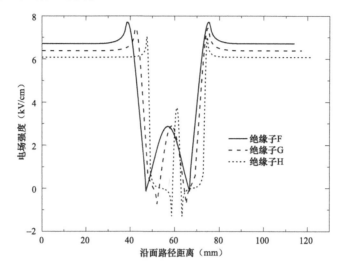

图 3-36 不同伞裙形状绝缘子表面"沿面"路径切向电场强度分布

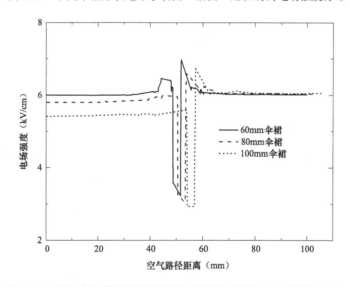

图 3-37 不同伞裙直径绝缘子表面"空气"路径切向电场强度分布

不同伞裙位置绝缘子表面"空气"路径切向电场强度分布如图 3-38 所示。伞裙越靠近流注起始位置，伞裙前"空气"路径上的切向电场强度越小，将导致流注的传播困难。英国学者 Allen 研究了不同伞裙位置对棒板电极电晕离子电流的影响，发现伞裙越靠近棒电极（电晕发生处），平板电极接收到的电晕离子电流越小，说明伞裙越接近棒电极对电晕离子的阻挡作用越强。由于电晕和流注的紧密关系，可以认为伞裙靠近流注起始位置时，流注尚未从电场获得较多的能量，很容易在伞裙造成的低场强区域中断或是撞击伞裙而被伞裙吸附大量电荷。当伞裙远离流注起始位置时，流注发展到伞裙处时，已经在电场中获得了足够多的能量，将更容易穿过低场强区域继续发展。因此，伞裙越靠近流注起始位置，流注稳定传播所需场强越大，相同电场强度作用下，流注传播速度和头部发光强度越小。

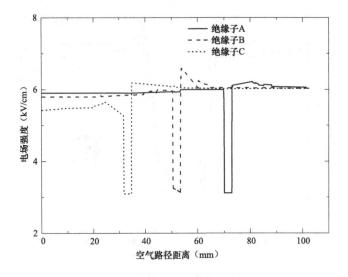

图 3-38　不同伞裙位置绝缘子表面"空气"路径切向电场强度分布

不同伞裙组合绝缘子表面"空气"路径切向电场强度分布如图 3-39 所示。在图 3-39 中绝缘子 E 和绝缘子 C 表面"空气"路径上的切向电场强度分布基本上是相同的，不过绝缘子 E 的第二个伞裙会造成小部分电场强度的降低，但是降幅不大。这就造成绝缘子 E 表面流注的传播特性与绝缘子 C 的很接近，但前者的流注稳定传播场强略大，相同电场强度下，流注传播速度和头部发光强度略小。绝缘子 D 第一个伞裙（直径 70mm）前"空气"路径上切向电场强度明显大于绝缘子 E 第一个伞裙（直径 80mm）前的电场强度，但绝缘子 D 的第二个伞裙（直径 80mm）处电场强度的降低远大于绝缘子 E 的第二个伞裙（直径

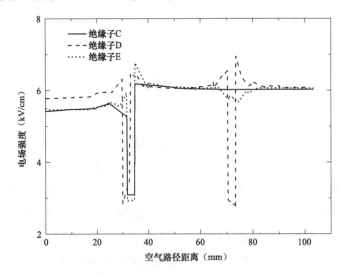

图 3-39　不同伞裙组合绝缘子表面"空气"路径切向电场强度分布

70mm）处电场强度的降低程度。试验结果显示流注在绝缘子 D 表面传播比绝缘子 E 表面容易，说明第一个伞裙造成的电场畸变对流注传播的影响远大于第二个伞裙对流注传播的影响。结合上文的分析，因为当较大的伞裙靠近流注起始位置时，流注尚未从电场获得较多的能量，很容易在较大的伞裙造成的低场强区域中断或是撞击伞裙而被伞裙吸附大量电荷，从而造成流注发展困难。而当较大的伞裙远离流注起始位置时，流注发展到较大伞裙处时，虽然在上一个较小的伞裙处损失了一定的能量，但经过一定距离的发展，已经在电场中获得足够多的能量，将更容易穿过较大伞裙引起的低场强区域。

不同伞裙形状绝缘子表面"空气"路径切向电场强度分布如图 3-40 所示。在图 3-40 中发现绝缘子伞裙弧度大的，伞裙前后"空气"路径上的切向电场强度较大，而在伞裙处切向电场强度降低较为厉害。结合上文的分析，在伞裙前，流注尚未从电场获得较多的能量，发展尚未成规模，这时候外加电场强度的大小对它的影响最大。由于伞裙弧度大的绝缘子在伞裙前的切向电场强度较大，此时流注容易发展，当流注发展到一定规模时也容易跨过伞裙处电场强度下降很大的区域。所以，伞裙弧度大的绝缘子表面流注容易发展，故其流注稳定传播所需的场强较小，相同电场强度下，流注传播速度和头部发光强度较大。

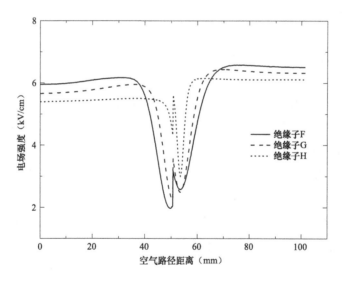

图 3-40 不同伞裙形状绝缘子表面"空气"路径切向电场强度分布

三、流注在伞裙处的能量损失

带伞裙绝缘子伞裙处电场强度的降低、伞裙导致的流注路径增长和电荷的附着都会使流注在伞裙处损失很大的能量，从而造成流注沿带伞裙绝缘子传播需要更大的外加电场强度。接下来将探讨利用流注传播特性的试验结果估计流注在伞裙处的能量损失的方法。

带伞裙绝缘子表面流注传播过程中能量平衡方程为式（3-1）。光滑绝缘子表面流注的能量平衡方程与式（3-1）类似，只是少了流注在伞裙处的能量损失项 L_{sh}，如式（3-2）所示。

$$\begin{cases} Q_E + Q_P = L_{st} + L_{sh} + Q_{st} \\ Q_E = \int_0^L ELC = Uq \\ Q_{st} = \dfrac{1}{2}mv^2 \end{cases} \tag{3-1}$$

$$Q_E + Q_P = L_{st} + Q_{st} = L_{st} + Q_{sta} + Q_{stsu} \tag{3-2}$$

式中　Q_E　——流注在外加电场中获得的能量，J；

　　　　Q_P　——脉冲电源为流注提供的能量，J；

　　　　L_{st}　——流注传播过程中的能量损失（离子间碰撞、离子碰撞介质表面、向外辐射光子等），J；

　　　　L_{sh}　——流注在伞裙处的能量损失，J；

　　　　Q_{st}　——流注传播到达阴极时拥有的能量（主要是离子的动能），J；

　　　　E　——流注传播路径上的电场强度，kV/m；

　　　　L　——流注传播的路径距离，m；

　　　　U　——电极间的电势差，kV；

　　　　q　——流注中的电荷量，C；

　　　　m　——流注中电荷的质量，g；

　　　　v　——流注的传播速度，m/s；

　　　　Q_{sta}　——流注"空气"分量到达阴极时拥有的能量，J；

　　　　Q_{stsu}　——流注"沿面"分量到达阴极时拥有的能量，J。

由于 Q_P、L_{st} 和 Q_{st} 都是很难测量和计算的，因此流注在伞裙处的能量损耗很难精确计算，都是利用现有的试验数据进行的估计，具体的计算方法有两个。其中，方法 1 是将单位库伦电荷在有伞裙绝缘子表面流注稳定传播场强 E_{st1} 下获得的能量 Q_{E1} 减去其在光滑绝缘子表面流注稳定传播场强 E_{st2} 下获得的能量 Q_{E2}，结果可以认为是拥有单位库伦电荷的流注在伞裙处的能量损耗。方法 1 假定了带伞裙绝缘子和光滑圆柱绝缘子表面流注的 Q_P、L_{st} 大小相等。可是带伞裙绝缘子表面流注的 Q_{st1} 与光滑绝缘子表面流注的 Q_{st2} 大小情况不确定。流注试验结果显示带伞裙绝缘子表面流注"空气"分量的速度大于光滑圆柱绝缘子表面流注"空气"分量的速度，而光滑圆柱绝缘子表面流注还拥有速度很快、能量很大的"沿面分量"。因此，利用这种方法得到的流注在伞裙处的能量损失 L_{shc} 如式（3-3）所示，与真实的能量损失 L_{sh} 存在一个误差项 Q_{ste}。利用方法 1 计算的流注在伞裙处的能量损耗见表 3-7。

$$\begin{aligned} L_{sh} &= (Q_{E1} - Q_{E2}) - (Q_{st1} - Q_{st2}) \\ &= (Q_{E1} - Q_{E2}) - (Q_{st1} - Q_{sta2} - Q_{stsu2}) \\ &= L_{shc} - Q_{ste} \end{aligned} \tag{3-3}$$

式中 Q_{E1} ——单位库伦电荷在有伞裙绝缘子表面流注稳定传播场强 E_{st1} 下获得的能量，J/C；

$\qquad Q_{E2}$ ——单位库伦电荷在光滑绝缘子表面流注稳定传播场强 E_{st2} 下获得的能量，J/C；

$\qquad Q_{st1}$ ——带伞裙绝缘子流注单位库伦电荷传播到达阴极时拥有的能量，J/C；

$\qquad Q_{st2}$ ——光滑绝缘子流注单位库伦电荷传播到达阴极时拥有的能量，J/C；

$\qquad Q_{sta2}$ ——光滑绝缘子流注单位库伦电荷"空气"分量到达阴极时拥有的能量，J/C；

$\qquad Q_{stsu2}$ ——光滑绝缘子流注单位库伦电荷"沿面"分量到达阴极时拥有的能量，J/C；

$\qquad L_{shc}$ ——方法 1 得到的流注单位库伦电荷在伞裙处的能量损失，J/C；

$\qquad L_{sh}$ ——真实流注单位库伦电荷在伞裙处的能量损失，J/C；

$\qquad Q_{ste}$ —— L_{shc} 与 L_{sh} 存在的一个误差项，J/C。

表 3-7　　　　　　　方法 1 计算的流注在伞裙处单位库伦电荷的能量损耗

伞裙结构	E_{st1}（kV/m）	Q_{E1}（10^4 J/C）	E_{st2}（kV/m）	Q_{E2}（10^4 J/C）	L_{shc}（10^4 J/C）
60mm	620	6.20	553	5.53	0.67
70mm	631	6.31	553	5.53	0.78
80mm	650	6.50	553	5.53	0.97
90mm	669	6.69	553	5.53	1.16
100mm	690	6.90	553	5.53	1.37
绝缘子 A	610	6.10	553	5.53	0.57
绝缘子 C	713	7.13	553	5.53	1.6
绝缘子 D	690	6.90	553	5.53	1.37
绝缘子 E	718	7.18	553	5.53	1.65
绝缘子 F	585	5.85	564	5.64	0.21
绝缘子 G	605	6.05	564	5.64	0.41
绝缘子 H	630	6.30	564	5.64	0.66

方法 2 在方法 1 的基础上进行改进，如果能使带伞裙绝缘子表面流注的 Q_{st1} 与光滑绝缘子表面流注的 Q_{st2} 相接近，能量损失的计算值将更接近真实情况。试验中不能测量流注的瞬时速度，测量的是流注的平均速度，因此只能用平均速度代替瞬时速度计算流注的 Q_{st}，将给计算结果带来少许的误差。带伞裙绝缘子表面流注传播速度在伞裙前和伞裙后有很大差异，为了减小平均速度代替瞬时速度时的误差，将带伞裙绝缘子表面流注传播能量平衡公式分成了伞裙前后两部分，如式（3-4）所示，f 代表前半段，s 代表后半段，Q_{stf} 为流注传播到达伞裙处时拥有的能量。

$$\begin{cases} Q_{Ef1} + Q_{Pf} = L_{stf} + L_{shf} + Q_{stf1} \\ Q_{Es1} + Q_{Ps} + Q_{stf1} = L_{sts} + L_{shs} + Q_{sts1} \end{cases} \tag{3-4}$$

式中 Q_{Ef1} ——伞裙前流注单位库伦电荷在外加电场中获得的能量，J/C；

Q_{Pf} ——脉冲电源为伞裙前流注单位库伦电荷提供的能量，J/C；

Q_{Es1} ——伞裙后流注单位库伦电荷在外加电场中获得的能量，J/C；

Q_{Ps} ——脉冲电源为伞裙后流注单位库伦电荷提供的能量，J/C；

Q_{stf1} ——流注单位库伦电荷传播到达伞裙前拥有的能量，J/C；

Q_{sts1} ——流注单位库伦电荷传播到达阴极板前拥有的能量，J/C；

L_{stf} ——伞裙前流注单位库伦电荷传播过程中的能量损失，J/C；

L_{sts} ——伞裙后流注单位库伦电荷传播过程中的能量损失，J/C；

L_{shf} ——流注单位库伦电荷在伞裙处前段的能量损失，J/C；

L_{shs} ——流注单位库伦电荷在伞裙处后段的能量损失，J/C。

假设在流注稳定传播场强 E_{st1} 的作用下带伞裙绝缘子表面流注"空气"分量在伞裙前后的传播速度分别为 V_1 和 V_2，流注在伞裙前后从电场中获得的能量分别为 Q_{Ef1} 和 Q_{Es1}。伞裙前的流注传播过程包括"沿面"分量和"空气"分量，其传播过程与光滑绝缘子表面流注传播过程接近，而伞裙后的流注传播过程只有"空气"分量，其传播过程与空气间隙中的流注传播过程接近。光滑绝缘子表面前半段和空气间隙后半段的能量平衡公式如式（3-5）所示。因此，在光滑绝缘子表面前半段"空气"分量速度中找到 V_1 值对应的平均电场强度 E_{f2}，在空气间隙后半段流注速度中找到 V_2 值对应的平均电场强度 E_{s2}，从而求出光滑绝缘子表面前半段流注从电场获得的能量 Q_{Ef2} 和空气间隙后半段流注从电场获得的能量 Q_{Es2}。然后按照方法 1 将式（3-4）与式（3-5）相减求出流注在伞裙处能量损耗 L_{shfc} 和 L_{shsc}，如式（3-6）、式（3-7）所示。

$$\begin{cases} Q_{Ef2} + Q_{Pf} = L_{stf} + Q_{stf2} \\ Q_{Es2} + Q_{Ps} + Q_{stAf2} = L_{sts} + Q_{sts2} \end{cases} \tag{3-5}$$

式中 Q_{Ef2} ——光滑绝缘子前半段流注单位库伦电荷在外加电场中获得的能量，J/C；

Q_{Pf} ——脉冲电源为光滑绝缘子前半段流注单位库伦电荷提供的能量，J/C；

Q_{Es2} ——空气间隙后半段流注单位库伦电荷在外加电场中获得的能量，J/C；

Q_{Ps} ——脉冲电源为空气间隙后半段流注单位库伦电荷提供的能量，J/C；

Q_{stf2} ——光滑绝缘子流注单位库伦电荷传播到达中间位置拥有的能量，J/C；

Q_{sts2} ——空气间隙后半段流注单位库伦电荷传播到阴极板前拥有的能量，J/C；

Q_{stAf2} ——空气间隙前半段流注单位库伦电荷传播到中间位置拥有的能量，J/C；

L_{stf} ——光滑绝缘子前半段流注单位库伦电荷传播过程中的能量损失，J/C；

L_{sts} ——空气间隙后半段流注单位库伦电荷传播过程中的能量损失，J/C。

$$\begin{aligned} L_{shf} &= (Q_{Ef1} - Q_{Ef2}) - (Q_{stf1} - Q_{stf2}) \\ &= (Q_{Ef1} - Q_{Ef2}) - (Q_{stsuf1} - Q_{stsuf2}) \\ &= L_{shfc} - Q_{stfe} \end{aligned} \tag{3-6}$$

$$L_{shs} = (Q_{Es1} - Q_{Es2}) + (Q_{stf1} - Q_{stAf2}) - (Q_{sts1} - Q_{sts2})$$
$$= (Q_{Es1} - Q_{Es2}) + (Q_{stf1} - Q_{stAf2}) \tag{3-7}$$
$$= L_{shsc} + Q_{stse}$$

式中　Q_{stsuf1}——流注"沿面"分量单位库伦电荷传播到达伞裙前拥有的能量，J/C；

$\quad\quad Q_{stsuf2}$——光滑绝缘子流注"沿面"分量单位库伦电荷传播到达中间位置拥有的能量，J/C；

$\quad\quad L_{shfc}$——方法2得到的流注单位库伦电荷在伞裙处前段的能量损失，J/C；

$\quad\quad L_{shf}$——真实流注单位库伦电荷在伞裙处前段的能量损失，J/C；

$\quad\quad L_{shsc}$——方法2得到的流注单位库伦电荷在伞裙处后段的能量损失，J/C；

$\quad\quad L_{shs}$——真实流注单位库伦电荷在伞裙处后段的能量损失，J/C；

$\quad\quad Q_{stfe}$——L_{shfc}和实际的L_{shf}存在的误差项，J/C；

$\quad\quad Q_{stse}$——L_{shsc}和实际的L_{shs}存在的误差项，J/C。

在式（3-6）中带伞裙绝缘子表面前半段流注"空气"分量的速度和光滑绝缘子前半段流注"空气"分量的速度大小相等都是V_1，因此可以认为这两个流注的"空气"分量的能量相等，不过两个流注"沿面"分量速度有所差别，其能量不同，因此，L_{shfc}和实际的L_{shf}存在误差项Q_{stfe}。在式（3-7）中带伞裙绝缘子表面后半段流注"空气"分量的速度和空气间隙后半段流注的速度都是V_2，可以认为两流注的能量Q_{sts1}和Q_{sts2}相等。可是带伞裙绝缘子表面前半段流注的能量Q_{stf1}与空气间隙前半段流注的能量Q_{stAf2}不相同，因此，L_{shsc}和实际的L_{shs}存在误差项Q_{stse}。将L_{shfc}和L_{shsc}相加得到L_{shc}的计算公式，如式（3-8）所示。利用方法2求取的流注在伞裙处的能量损耗见表3-8。

$$L_{sh} = L_{shfc} + L_{shsc} - (Q_{stfe} - Q_{stse}) \tag{3-8}$$
$$= L_{shc} - Q_{ste}$$

式中　L_{shc}——方法2得到的流注单位库伦电荷在伞裙处的能量损失，J/C；

$\quad\quad L_{sh}$——真实流注单位库伦电荷在伞裙处的能量损失，J/C；

$\quad\quad Q_{ste}$——L_{shc}与L_{sh}存在的一个误差项，J/C。

表3-8　　　　　　　　方法2计算的流注在伞裙处单位库伦电荷的能量损耗

伞裙结构	E_{st1} (kV/m)	V_1 (10^5m/s)	V_2 (10^5m/s)	Q_{Ef1} (10^4J/C)	Q_{Es1} (10^4J/C)	E_{f2} (kV/m)	E_{s2} (kV/m)	Q_{Ef2} (10^4J/C)	Q_{Es2} (10^4J/C)	L_{shc} (10^4J/C)
60mm	620	1.46	2.46	3.10	3.10	590	525	2.95	2.63	0.62
70mm	631	1.56	2.40	3.16	3.16	604	520	3.02	2.60	0.69
80mm	650	1.63	2.48	3.25	3.25	613	526	3.07	2.63	0.80
90mm	669	1.68	2.67	3.36	3.36	618	536	3.09	2.68	0.92
100mm	690	1.78	2.78	3.45	3.45	630	543	3.15	2.72	1.03
绝缘子A	610	1.32	2.21	3.05	3.05	570	510	2.85	2.55	0.70
绝缘子C	713	2.29	3.10	3.57	3.57	678	563	3.39	2.82	0.92

伞裙结构	E_{st1} (kV/m)	V_1 (10^5m/s)	V_2 (10^5m/s)	Q_{Ef1} (10^4J/C)	Q_{Es1} (10^4J/C)	E_{f2} (kV/m)	E_{s2} (kV/m)	Q_{Ef2} (10^4J/C)	Q_{Es2} (10^4J/C)	L_{shc} (10^4J/C)
绝缘子 D	690	1.90	2.95	3.45	3.45	645	554	3.23	2.77	0.90
绝缘子 E	718	2.31	2.78	3.59	3.59	680	546	3.40	2.73	1.05
绝缘子 F	585	1.40	2.48	2.93	2.93	580	527	2.90	2.635	0.315
绝缘子 G	605	1.45	2.68	3.03	3.03	595	535	2.975	2.675	0.40
绝缘子 H	630	1.52	2.84	3.15	3.15	610	550	3.05	2.75	0.50

第六节　本　章　小　结

本章在均匀电场作用下利用光电倍增管和紫外分析仪研究了伞裙直径、位置、组合、形状等因素对沿面流注发展特性的影响。获得了不同伞裙结构下沿面流注稳定传播场强、传播路径、传播速度以及流注头部发光强度的差异，分析和总结了伞裙结构对绝缘子表面流注发展特性的影响机理，为从抑制沿面流注放电的角度探讨绝缘子伞裙结构的设计提供了理论和试验基础。

本章主要结论如下：

（1）带伞裙的绝缘子表面流注传播拥有两个分量，"空气"分量和"沿面"分量，但是"沿面"分量在伞裙处受到阻挡，不能越过伞裙发展到达阴极板，只有"空气"分量能够越过伞裙到达阴极板。

（2）伞裙直径越大，流注稳定传播所需场强越大，相同电场强度下，流注传播速度和流注头部发光强度越小。

（3）伞裙越靠近流注起始位置，流注传播越困难，流注稳定传播所需场强越大。双伞裙的绝缘子表面流注传播特性受靠近流注起始位置的伞裙的影响最大，受离流注起始位置较远的那个伞裙的影响较小。

（4）伞裙弧度越大，流注稳定传播所需场强越小，相同电场强度下，流注传播速度和流注头部发光强度越大。

（5）电磁仿真软件（Ansoft 软件）计算得到的带伞裙绝缘子表面流注"空气"路径上的切向电场强度分布情况可以较好地解释伞裙结构对绝缘子表面流注传播特性的影响情况。

第四章

绝缘介质表面流注放电到
闪络放电发展机理

输电设备介质表面闪络是危害电力系统安全的重大事故之一。闪络放电包含初始电子、电子崩、流注放电、流注到闪络过程以及闪络放电等一系列过程。流注放电是闪络放电前的一种物理现象，在前面几章，本书从流注稳定传播场强、流注传播路径、流注传播速度、流注发光强度等角度，对不同材料、不同伞裙结构绝缘介质的流注放电特性进行了深入分析。本章将主要围绕绝缘介质沿面闪络特性的研究展开。

本章将在研究流注传播的三电极试验装置基础上，提高两极板间的电压，从而使得板间均匀电场增大，流注放电向闪络阶段发展。利用试验装置测得光滑圆柱绝缘子和不同伞裙结构绝缘子的闪络电场、流注到闪络的发展过程以及闪络路径，并将闪络放电的试验结果与流注放电过程的试验结果进行比对，总结分析出闪络过程与流注放电过程的相关性，为闪络放电预测提供理论和试验依据。

第一节 试验模型及试验条件介绍

本章对绝缘介质表面闪络特性的研究所用到的试验设备和测量系统与第一章第一节第一部分相同，仍是采用三电极放电试验装置，装置结构示意图如图 1-1 所示。在本章试验中将选用到光滑圆柱形绝缘子和不同伞裙结构的绝缘子，其中光滑圆柱绝缘子的选取也与第一章第一节相同，材质包含尼龙、硅橡胶、有机玻璃、聚甲醛、聚四氟乙烯、陶瓷六种，并且也对空气间隙中的闪络特性进行测量，作为对照试验。而伞裙结构绝缘子的选取则与第三章第一节一致，其结构是由伞裙直径、位置、组合、形状等构成的十种不同结构的伞裙绝缘子，伞裙绝缘子结构示意图如图 3-1 所示。

对于所有需要参与试验的绝缘子都在同一厂家生产，确保不会因加工工艺水平的不同对试验结果造成影响。利用粗糙度测量仪器对所有绝缘子的表面粗糙度进行测量，得到表面粗糙度 Ra 的值在 $0.65 \sim 0.85 \mu m$。整个试验过程中，室内温度稳定在 $20°C$，相对湿度保持在 60% 左右，气压为一个标准大气压，试验地点位于广东省深圳市。

⛏ 第二节　光滑绝缘子试验结果与分析

一、闪络与流注传播电场的关系

根据第一章第二节第一部分提供的关于流注稳定传播场强的测量与计算方法，可以对本章试验中所有绝缘介质流注放电阶段的稳定传播场强 E_{st} 进行测量计算。若在原来研究流注的三电极结构试验装置基础上升高外加负直流电压，从而导致间隙击穿，就可以对绝缘介质沿面闪络特性进行研究。利用第一章第二节第一部分获得流注传播概率的方法可以得到闪络的概率分布情况，通过研究对比发现闪络概率的分布与流注传播概率曲线类似，只是闪络所需的电场强度比流注所需的电场强度大很多。并且，利用高斯分布还可以计算出闪络概率为50%的电场强度 E_{50}。空气中和绝缘介质表面 E_{st} 和 E_{50} 见表4-1。

从表4-1可以发现，空气中绝缘介质面的闪络概率为50%的电场强度 E_{50} 随着流注稳定传播强度 E_{st} 的增加而增加。这表明如果沿绝缘介质表面放电过程中流注传播需要更高的电场强度，那么同样也需要更高的电场强度来使闪络发生。因此，根据试验结果可以证明，在外加电场的作用下，闪络现象与流注放电现象有相似之处，绝缘介质沿面闪络与闪络前的流注传播阶段密切相关。

表 4-1　　　　　　　　　　空气中和绝缘介质表面 E_{st} 和 E_{50} 对比

材　料	相对介电常数	E_{st}（kV/m）	E_{50}（kV/m）
空　气	1	456	736
尼　龙	5	564	835
硅橡胶	3.6	553	802
聚甲醛	3.6	546	798
有机玻璃	3.2	535	783
聚四氟乙烯	2.1	522	792
陶　瓷	6.5	491	750

根据表4-1，还可以发现：在放电过程中，流注的稳定传播场强 E_{st} 随着绝缘材料介电常数的增加而增加，这一物理现象及其原因已经在第一章和第二章中进行了详细论述。绝缘材料的介电常数对流注放电主要存在两个影响。一个影响，在负直流电压持续施加的情况下，介质表面上积累的负电荷随着介电常数的增加而增加，这将使得绝缘介质表面后半部分的电场减弱。另一个影响，介电常数较大的绝缘介质会增加附绝缘介质吸附流注头部正电荷的能力，减弱流注放电前方的电离效率。从表4-1可以看出在不同介电常数的绝缘介质下，E_{50} 都是随着 E_{st} 同步变化，所以可以推导出绝缘介质表面介电常数对闪络电场强度的影响规律同流注阶段一致。

二、流注到闪络的发展过程

利用放电测量系统中的三个光电倍增管可以测量绝缘介质中从流注放电发展为闪络放电的全过程，其具体操作原理与第二章采集流注放电数据一致。通过对光电倍增管监测到的数据研究发现流注放电阶段和闪络阶段的输出信号相比存在显著差异，这两种输出信号反映了整个放电物理过程中不同阶段的发光特性。当放电处于流注阶段时，流注传播速度快，但流注的发光强度相对较弱，而闪络阶段电弧传播速度虽然较慢，但发光强度相对较强。因此，在试验时通过光电倍增管可以看到流注放电阶段时的输出信号持续时间短，输出幅值较低，而监测到闪络阶段时的输出信号持续时间长，输出幅值相对较高。本书对试验结果进行分析，进而对流注放电对后续闪络的影响机理进行深入探究。

图 4-1 和图 4-2 分别为利用光电倍增管监测到的在空气中和绝缘介质表面放电时，从针尖触发流注产生到后续闪络发生的示波图，在图中将闪络放电和流注放电的信号区域进行了区分。根据本书前面所述，在流注放电阶段，光电倍增管 1、2、3 分别位于两平行板间的不同位置，不同光电倍增管输出信号的差异主要体现在监测到的发光强度和信号的开始时间，根据相应的计算方法可以获取发光强度和传播速度的变化规律数据，并且还就绝缘材料对流注传播规律的影响展开了深入的分析。在本书前面的研究中发现，流注沿绝缘介质表面传播的"沿面"分量速度较快，而远离介质表面沿着空气传播的"空气"分量速度较慢。

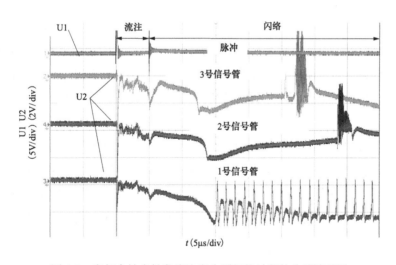

图 4-1 空气中针尖触发流注产生到闪络过程的典型波形图

然而，闪络放电阶段时由于发光强度过大，若利用光电倍增管来对闪络阶段的放电阶段进行监测，光电倍增管的输出信号将始终处于饱和状态，因此难以通过光电倍增管的输出信号来对闪络特性进行分析，但利用光电倍增管可以分析从流注放电阶段发展到闪络阶段的中间过程。从图 4-1 和图 4-2 中也可以发现从针尖触发初始流注产生后到开始出现闪络现象的期间内，间隙中会存在多次流注放电过程。当初始流注贯穿整个间隙后，其后有时会产生一个二次流注。二次流注会沿着初始流注的路径传播，当二次流注贯穿间隙时，空气间隙就会发生击穿。在空气和绝缘介质表面针尖触发产生的初始流注贯穿间隙后，如果外加电场强度足够高，其后会产生多个二次流注，而非一个，当某个二次流注到达阴极后，就导致了间隙的击穿，产生闪络电弧。因此间隙中能否产生二次流注是间隙能否被击穿的判据。

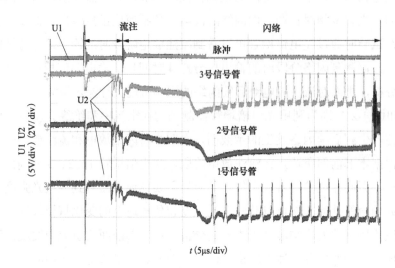

图 4-2 绝缘介质表面针尖触发流注产生到闪络过程的典型波形图

三、闪络传播路径

流注和闪络电弧不仅在传播所需要的电场强度上有很大的相似之处，而且在传播路径上也有很大的联系。对于流注的传播路径在第一章第二节第二部分中进行了详细的论述，可以利用紫外分析仪来拍摄到流注的路径情况，本节将主要围绕闪络电弧的传播路径展开分析。

利用高速相机拍摄到的在空气中和沿绝缘介质表面闪络的照片，如图 4-3 所示。将图片与拍摄到的流注传播路径比对，发现在空气间隙中，拍摄到的闪络路径与流注传播路径相同，因此可以认为空气中放电时闪络路径很大可能是沿着原先的流注路径传播的。因此，可以推断出在空气间隙中，后续的闪络路径将很大程度上受到之前的流注传播路径的影响。

在第一章第二节第二部分的试验分析中，绝缘介质表面流注的传播时可以同时存在两个路径，一个是"沿面"路径传播，一个是"空气"路径传播。对图 4-3 进行分析我们可以发现绝缘介质中虽只有一个电弧通道的存在，但其路径可以不同。绝缘介质表面闪络时，电弧通道既可以是"沿面"路径传播，也可以是"空气"路径传播，其至有些绝缘介质表面闪络时电弧先是"沿面"路径传播，而后又转变为"空气"路径传播。这说明后续闪络路径与之前的流注传播路径有很大的关联。

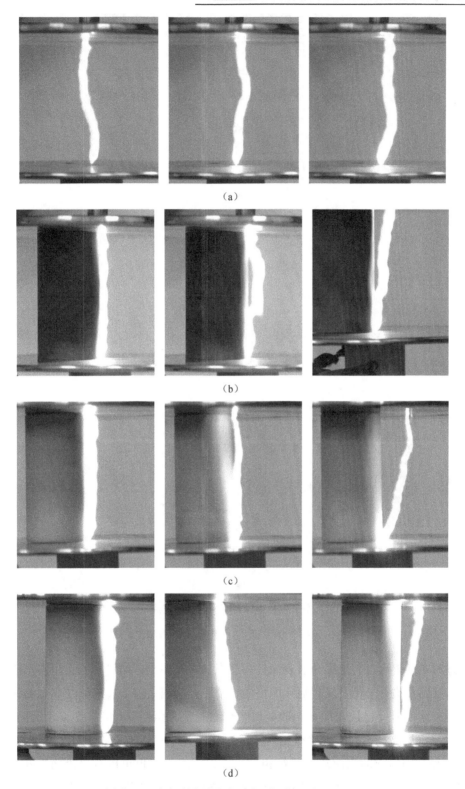

图 4-3　空气中和绝缘介质表面闪络照片（一）

（a）空气；（b）硅橡胶；（c）尼龙；（d）聚四氟乙烯

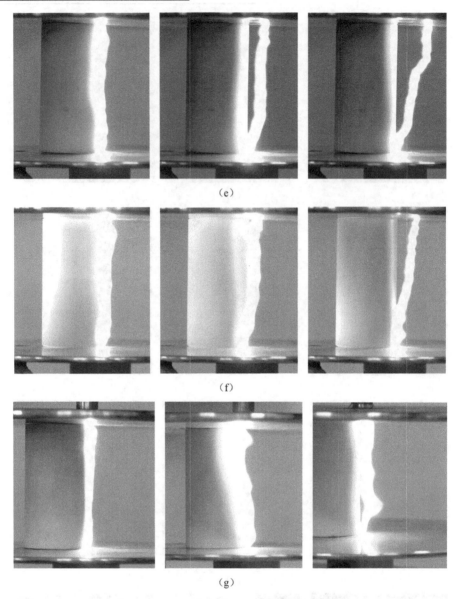

图 4-3　空气中和绝缘介质表面闪络照片（二）

（e）聚甲醛；（f）有机玻璃；（g）陶瓷

　　通过对图 4-2 给出的绝缘介质表面针尖触发流注产生到闪络过程的典型波形图和后续闪络的传播路径进行分析，发现后续闪络的传播路径与闪络前的二次流注放电的传播路径相同。当流注沿着介电质表面传播时，初始流注通常有两个路径，一个是"沿面"路径，一个是"空气"路径，在绝大多数情况下，二次流注也可以有两个传播路径。由于后续闪络的路径与闪络前的二次流注路径相同，所以闪络电弧也可以有"沿面"和"空气"两个路径传播，甚至是两种传播路径组成的混合路径。在某些特殊的情况下，二次流注的传播可能只在"空气"路径中进行，此时的闪络电弧也只能在"空气"路径中传播。图

4-4 中的二次流注仅是沿着"空气"路径进行传播，所以通过相机拍摄到的后续闪络电弧传播也在远离绝缘介质表面的气隙中进行。因此，我们可以通过二次流注的传播路径进行分析，从而对后续闪络电弧的传播路径作出预测。此外，从大量的试验结果来看，绝缘介质表面闪络时电弧大多数从"沿面"路径传播的，从"空气"路径传播的概率较小。因此，当绝缘介质表面闪络时电弧可以沿着先前流注的"沿面"分量路径或是"空气"分量路径传播，从而也再次证实后续闪络电弧的路径和闪络前流注的传播路径之间有很大的关系。

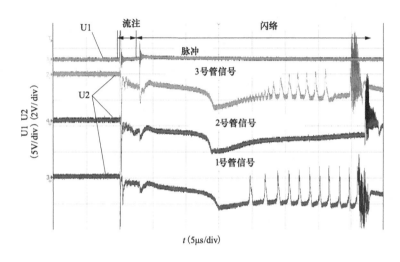

图 4-4　绝缘介质表面流注到闪络过程的典型波形图

第三节　伞裙绝缘子试验结果与分析

一、闪络与流注传播电场的关系

将试验中的光滑绝缘子替换成伞裙绝缘子，测量计算得到了在脉冲幅值为 4kV 作用下不同伞裙结构绝缘子闪络概率为 50%所需的电场强度 E_{50} 和流注传播所需要的电场强度 E_{st}，测量结果见表 4-2。根据表 4-2 中 E_{st} 和 E_{50} 的对比发现，随着伞裙直径的增大，流注所需的稳定传播场强 E_{st} 和闪络概率为 50%所需电场强度 E_{50} 增大；随着伞裙弧度的减小，50%闪络所需的电场强度增大；伞裙位置靠近针尖处的绝缘子表面闪络所需的电场强度大，而双伞裙的绝缘子表面闪络所需电场强度受靠近针电极伞裙的影响最大，受离针电极位置较远的那个伞裙的影响较小。因此，在外加电场的作用下，伞裙绝缘子的闪络特性和流注传播特性也具有一定程度的相似性，可以认为不同伞裙结构绝缘子表面流注传播和后续闪络电弧的发展有很密切的联系。

伞裙所在位置的不同也会导致放电时流注和闪络所需要的电场强度存在一些差异，从表 4-1 中可以看到，流注稳定传播场强最大的是伞裙靠近起始位置的图 3-1 中的绝缘子 C

和绝缘子 E，但它们发生闪络时的 E_{50} 却不是最大的。这是因为当闪络发生时，电弧通道内主要是热电离形式，而且电弧头部和通道内电荷的密度大于流注阶段时的电荷密度，在靠近针电极的伞裙处会存在电荷的附着，但是附着的电荷与闪络电弧头部和通道内的电荷相比是微乎其微的，所以伞裙的位置会对闪络产生影响，但影响程度不如头部电荷较少的流注那么大。

表 4-2 不同伞裙结构绝缘子表面 E_{st} 和 E_{50} 对比

伞裙结构	E_{st}（kV/m）	E_{50}（kV/m）	伞裙结构	E_{st}（kV/m）	E_{50}（kV/m）
60mm	620	838	绝缘子 C	713	890
70mm	631	855	绝缘子 D	690	870
80mm	650	871	绝缘子 E	718	894
90mm	669	886	绝缘子 F	585	824
100mm	690	900	绝缘子 G	605	842
绝缘子 A	610	845	绝缘子 H	630	863

二、流注到闪络的发展过程

光电倍增管监测沿伞裙绝缘子表面放电时，从针尖触发流注产生到后续发生闪络过程的输出波形如图 4-5 所示。从图 4-5 可以发现，伞裙绝缘子沿面放电从发生初始流注到出现闪络的过程中也会产生多个二次流注。经研究分析，在本章第二节中总结的光滑绝缘子沿面放电时间隙的击穿判据也同样适用于伞裙结构的绝缘子，仍是以间隙中能否产生二次流注作为间隙能否击穿的判断依据。

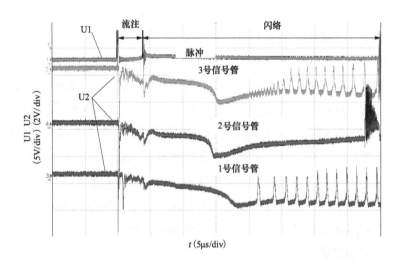

图 4-5 伞裙绝缘介质表面针尖触发流注产生到闪络过程的典型波形图

根据图 4-5 也可以看出，伞裙绝缘子沿面放电时流注到闪络发展的过程特性与图 4-1 和图 4-4 展示的流注到闪络发展的过程特性极为相似。当流注在沿着伞裙绝缘子表面传播时，由于伞裙的存在会阻碍流注放电过程中的"沿面"分量的传播，但不会影响"空气"分量流注向阴极板传播的过程。当初始流注的"空气"分量到达阴极板后，沿"空气"分量传播路径会产生一个高导电性的通道，从而使得后续产生的二次流注将主要沿"空气"路径传播。因此，由于闪络电弧路径与流注传播路径相似，从而可以推测伞裙绝缘子介质放电时，闪络路径主要沿"空气"分量传播，很少沿"沿面"路径传播。

三、闪络传播路径

不同伞裙结构绝缘子表面流注和闪络电弧不仅在传播所需场强上有很大的相似之处，在传播路径上也有很大的联系。伞裙绝缘子的流注传播路径在第三章第三节第二部分中进行了详细的论述，通过紫外分析仪可以对流注的传播路径进行拍摄。本小节主要围绕不同伞裙绝缘子表面闪络路径的情况展开研究。利用相机拍摄了不同伞裙结构绝缘子表面闪络的照片，如图 4-6 所示。

（a）

（b）

图 4-6　伞裙结构绝缘子表面闪络的照片（一）

（a）70mm 伞裙直径；（b）90mm 伞裙直径

图 4-6　伞裙结构绝缘子表面闪络的照片（二）

（c）100mm 伞裙直径；（d）绝缘子 A；（e）绝缘子 C；（f）绝缘子 D

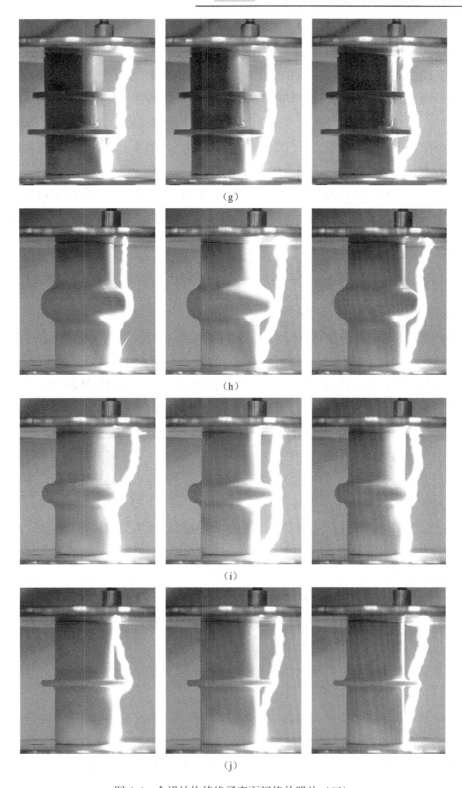

图 4-6　伞裙结构绝缘子表面闪络的照片（三）

（g）绝缘子 E；（h）绝缘子 F；（i）绝缘子 G（j）；绝缘子 H

对不同伞裙结构绝缘子表面闪络的照片展开分析发现，当伞裙绝缘子表面发生闪络时只有一个电弧通道的存在，而且电弧路径与流注传播路径之间也有很大的关系。在流注到达伞裙前，流注拥有"沿面"路径和"空气"路径，但由于"沿面"路径传播的流注不能越过伞裙，因此伞裙后面的流注将只能按照"空气"路径传播。所以不同伞裙结构绝缘子表面闪络时电弧通道基本都是按照"空气"路径传播，个别绝缘子表面电弧先沿着"沿面"路径传播到伞裙处，然后沿着"空气"路径传播。因此，绝缘子表面闪络时电弧路径和流注传播路径有很大的关系，这说明流注传播通道对后续闪络阶段有很大的影响。合理地优化绝缘子的伞裙结构，使得流注放电发展困难，那么也就不会有后续的闪络放电过程，因此，从抑制流注放电的角度优化设计复合绝缘子伞裙结构的理念是可行的、可靠的。

第四节 本 章 小 结

本章在均匀电场的作用下利用光电倍增管和高速相机研究了光滑绝缘子和伞裙绝缘子沿面闪络的发展特性，其中伞裙直径、位置、组合、形状等因素可以互相组合产生十余种不同的伞裙绝缘介质结构。通过分别在光滑绝缘介质和不同伞裙绝缘介质下进行放电试验，研究了闪络与流注传播电场的关系、流注到闪络的发展过程、闪络传播路径，并分析总结出闪络电弧路径与流注传播路径的关系、气隙击穿的理论判断依据以及伞裙结构对闪络的影响机理，为绝缘设备的闪络研究提供了理论和试验基础。本章主要结论如下：

（1）空气中和绝缘介质表面在针尖触发产生的初始流注贯穿间隙后，如果外加场强足够高，其后会产生多个二次流注，当某个二次流注到达阴极后，就导致了间隙的击穿，电弧开始发展。

（2）绝缘介质表面流注传播所需场强大的，其电弧传播所需的场强也较大，说明流注传播和电弧发展在受外加电场的影响上有一定的相似之处，可以认为流注的传播和后续电弧发展有很密切的联系。

（3）光滑绝缘介质表面闪络只有一个电弧通道存在，但其路径却可以不同。绝缘介质表面闪络时电弧通道可以沿着"沿面"路径传播，也可以沿着"空气"路径传播，其至有些绝缘介质表面发现电弧先沿着"沿面"路径传播，而后又沿着"空气"路径传播。不过从大量的试验结果来看，光滑绝缘介质表面闪络时电弧大都是从"沿面"路径传播的，从"空气"路径传播的概率比较小。

（4）伞裙结构绝缘子流注和电弧在传播所需场强上有很大的相似之处，在传播路径上也有很大的联系。不同伞裙结构绝缘子表面闪络时电弧通道基本都是按照"空气"路径传播，个别绝缘子表面电弧先沿着"沿面"路径传播到伞裙处，然后沿着"空气"路径传播。

第五章

气压湿度对沿面流注放电影响机理

前面几章研究空气中和绝缘介质表面流注传播特性，主要考虑的影响因素是材料性能和伞裙结构，而对于外界环境、气象条件对流注传播特性的影响，尚未涉及。本章在深圳（海拔 70m，气压 0.10MPa）研究了不同湿度下空气中和硅橡胶表面流注传播特性，分析湿度对空气中和硅橡胶表面流注传播特性的影响机理。在云南省昆明市（海拔 2100m，气压 0.08MPa）、西藏自治区拉萨市羊八井镇（海拔 4300m，气压 0.06MPa）进行空气中和硅橡胶表面流注传播特性试验，与深圳的试验结果进行对比，分析气压对空气中和硅橡胶表面流注传播特性的影响机理。

本章将从碰撞电离系数、附着系数、复合系数随气压、湿度的变化规律方面着手，深入分析气压、湿度对空气中和硅橡胶表面流注传播过程的影响机理。根据不同气压、湿度情况下，空气中和硅橡胶表面流注稳定传播场强和速度的数据，拟合出流注稳定传播场强、速度与气压、湿度相关的计算公式，为复杂气象条件下输变电设备外绝缘设计标准提供理论和试验依据。

第一节　试验模型及试验条件介绍

本章中所用的试验设备和测量系统和第一章第一节中一致。试验中所用光滑圆柱形绝缘子的材料为硅橡胶，照片如图 1-2 所示。试验中对不同气压、湿度下硅橡胶表面流注的传播特性进行了测量，此外，空气间隙中流注的传播特性也进行了测量，用作沿面流注传播特性的参照。试验分别在深圳（海拔 70m，气压 0.10MPa）、昆明（海拔 2100m，气压 0.08MPa）、羊八井（海拔 4300m，气压 0.06MPa）三个不同海拔的地区进行，试验时温度在 20～25℃范围内，绝对湿度的变化范围是 5～18g/m³。

第二节　不同湿度下沿面流注放电传播特性的试验结果

一、流注传播场强

在深圳地区（气压 0.10MPa）不同湿度条件下测量了外加电场强度对空气中和硅橡胶

表面流注传播概率影响情况，如图 5-1 所示，图中显示了流注传播所需场强受湿度的影响
情况，空气中和硅橡胶表面流注传播所需的场强和湿度正相关，即流注传播所需场强随着
湿度的增大而增大。不同湿度条件下空气中和硅橡胶表面流注稳定传播场强随脉冲幅值的
变化如图 5-2 所示，不同湿度下空气中、硅橡胶表面流注稳定传播场强都和脉冲幅值成线
性关系，随着脉冲幅值的增大，流注稳定传播场强减小。湿度对空气中、绝缘介质表面流
注稳定传播场强的影响表现为湿度越大，流注稳定传播场强越大。此外，还发现硅橡胶表
面流注稳定传播场强受湿度的影响程度要大于空气中流注稳定传播场强受湿度的影响程
度，表现为随湿度的增加，硅橡胶表面流注稳定传播场强增加明显。

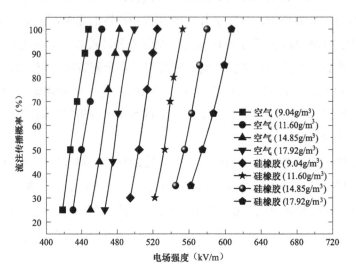

图 5-1　不同湿度下空气中、硅橡胶表面流注传播概率随外加
电场强度的变化（脉冲幅值 4kV）

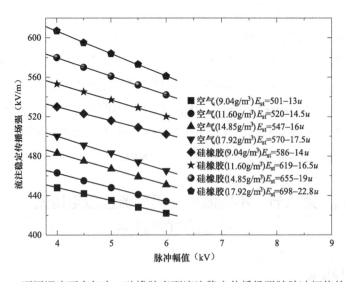

图 5-2　不同湿度下空气中、硅橡胶表面流注稳定传播场强随脉冲幅值的变化

二、流注传播速度

图 5-3 给出了深圳不同湿度条件下流注稳定传播速度（流注稳定传播场强作用下）随外加脉冲电源幅值的变化，其中硅橡胶表面流注给出的是"沿面"分量的速度。可以看出，流注稳定传播速度与湿度正相关，湿度越大，流注的稳定传播速度越大。因为湿度高时，空气中、硅橡胶表面流注稳定传播所需要的场强高，在较高的外加场强的作用下，流注的稳定传播速度自然会大一些。硅橡胶表面流注稳定传播速度受湿度的影响程度要大于空气中流注稳定传播速度受湿度的影响程度，表现为硅橡胶表面流注稳定传播速度随湿度的增加有更明显的增加。此外，不同湿度下空气中和硅橡胶表面流注稳定传播速度都与脉冲幅值成线性关系，随着脉冲幅值增加，流注稳定传播速度增加。

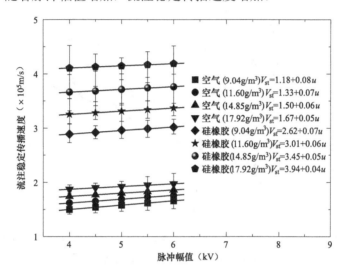

图 5-3　不同湿度下空气中、硅橡胶表面流注稳定传播速度随脉冲幅值的变化

图 5-4 和图 5-5 分别给出了硅橡胶表面流注"沿面"分量和"空气"分量速度随外加电场强度变化的曲线。可以发现，在相同电场强度作用下，空气中、硅橡胶表面流注传播速度与湿度负相关，湿度越大，流注传播速度越小。此外，硅橡胶表面流注"沿面"分量速度受湿度的影响较大，而"空气"分量速度也受湿度的影响，但所受影响程度较小。图5-4 和图 5-5 中的流注的速度曲线通过式（1-4）进行拟合的，式（1-4）中各个系数的取值见表 5-1。

表 5-1　　　　　　　　　式（1-4）中的相关系数取值

材　料	E_{st}（kV/m）	"沿面"分量（见图 5-4）			"空气"分量（见图 5-5）		
		V_{st}（×10⁵m/s）	$\gamma×100$	n	V_{st}（×10⁵m/s）	$\gamma×100$	n
空气（9.04g/cm³）	448	1.51	−0.56	3.1	1.51	−0.56	3.1
空气（11.60g/cm³）	460	1.62	−1.52	3.1	1.62	−1.52	3.1
空气（14.85g/cm³）	482	1.74	0.09	3.1	1.74	0.09	3.1

材　　料	E_{st}（kV/m）	"沿面"分量（见图5-4）			"空气"分量（见图5-5）		
		V_{st}（×10⁵m/s）	$\gamma×100$	n	V_{st}（×10⁵m/s）	$\gamma×100$	n
空气（17.92g/cm³）	499	1.87	−0.75	3.1	1.87	−0.75	3.1
硅橡胶（9.04g/cm³）	525	2.89	−0.34	4.3	1.40	1.80	2.4
硅橡胶（11.60g/cm³）	553	3.25	−0.30	4.4	1.44	1.85	2.3
硅橡胶（14.85g/cm³）	580	3.66	−0.38	4.5	1.67	0.08	2.3
硅橡胶（17.92g/cm³）	609	4.11	0.15	4.5	1.73	0.75	2.4

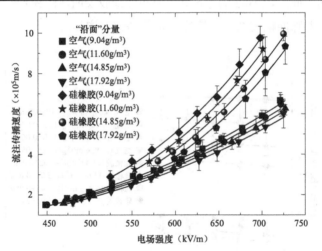

图5-4　不同湿度下空气中、硅橡胶表面流注"沿面"分量速度随外加
电场强度的变化（脉冲幅值4kV）

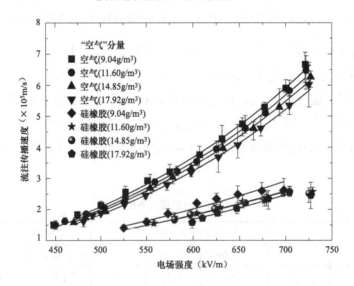

图5-5　不同湿度下空气中、硅橡胶表面流注"空气"分量速度随外加
电场强度的变化（脉冲幅值4kV）

三、流注发光强度

图 5-6 给出了深圳不同湿度下测量得到的 3 号光电倍增管（流注稳定传播场强作用下）输出光脉冲幅值随外加电脉冲幅值的变化，其中硅橡胶表面流注给出的是"沿面"分量的光脉冲幅值。可以看出，空气中和硅橡胶表面流注稳定传播中发光强度都与脉冲幅值成线性反比例关系。

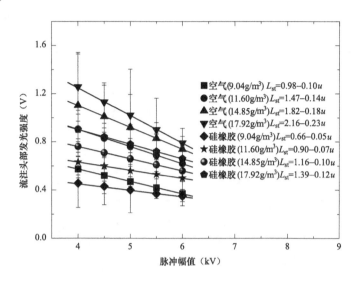

图 5-6 不同湿度下空气中、硅橡胶表面流注稳定传播过程中头部
发光强度随脉冲幅值的变化

图 5-7 和图 5-8 分别给出了硅橡胶表面流注"沿面"分量和"空气"分量发光强度随外加电场强度变化的规律。可以发现相同电场强度下流注的发光强度与湿度负相关，湿度越大，流注头部发光强度越小，即湿度大时，流注头部电荷较少，电离强度较弱，流注的传播速度则会较慢，这就导致了相同电场强度下流注传播速度与湿度负相关。此外，硅橡胶表面流注"沿面"分量发光强度受湿度的影响较大，而"空气"分量发光强度受湿度的影响程度较小。图 5-7 和图 5-8 中的流注的速度曲线通过式（1-7）进行拟合，式（1-7）中各个系数的取值见表 5-2。

表 5-2 式（1-7）中相关系数取值

材　料	E_{st}（kV/m）	"沿面"分量（图 5-7）			"空气"分量（图 5-8）		
		L_{st}（V）	$\eta \times 100$	n	L_{st}（V）	$\eta \times 100$	n
空气（9.04g/cm³）	448	0.58	5.62	7	0.58	5.62	7
空气（11.60g/cm³）	460	0.80	3.92	6.5	0.80	3.92	6.5
空气（14.85g/cm³）	482	1.10	2.29	6	1.10	2.29	6
空气（17.92g/cm³）	499	1.25	0.44	6.5	1.25	0.44	6.5

材　料	E_{st}（kV/m）	"沿面"分量（图5-7）			"空气"分量（图5-8）		
		L_{st}（V）	$\eta \times 100$	n	L_{st}（V）	$\eta \times 100$	n
硅橡胶（9.04g/cm³）	525	0.46	0.95	9	1.03	−0.65	4
硅橡胶（11.60g/cm³）	553	0.63	−0.06	9	1.13	−0.11	4
硅橡胶（14.85g/cm³）	580	0.78	0.09	9	1.18	−0.77	4
硅橡胶（17.92g/cm³）	609	0.90	0.56	9	1.28	0.93	4.5

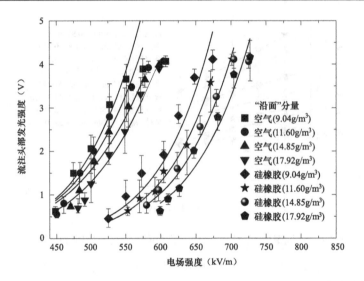

图5-7　不同湿度下空气中、硅橡胶表面流注"沿面"分量发光强度随外加
电场强度的变化（脉冲幅值4kV）

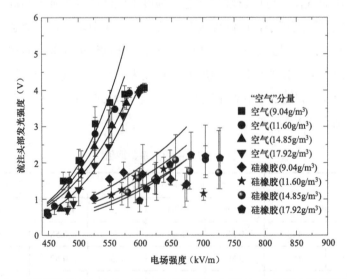

图5-8　不同湿度下空气中、硅橡胶表面流注"空气"分量发光强度随外加
电场强度的变化（脉冲幅值4kV）

🜚 第三节　不同气压下沿面流注放电传播
特性的试验结果

一、流注传播场强

图 5-9 给出了深圳（气压 0.10MPa，湿度 11.60g/m³）、昆明（气压 0.08MPa，湿度 11.55g/m³）、羊八井（气压 0.06MPa，湿度 8.20g/m³）三个地区外加电场强度对空气中和硅橡胶表面流注传播概率的影响情况。试验结果显示在低气压下流注能在很低的外加电场强度作用下传播。图 5-10 给出了三个地区空气中和硅橡胶表面流注稳定传播场强随脉冲幅值的变化。可以发现，不同气压下，空气中、硅橡胶表面流注稳定传播场强都和脉冲幅值成线性关系，随着脉冲幅值的增大，流注稳定传播场强减小。此外，气压对流注稳定传播场强的影响表现为气压与空气中、硅橡胶表面流注稳定传播场强正相关，气压越大，流注稳定传播场强越大。

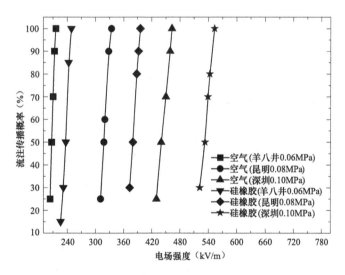

图 5-9　不同气压下空气中、硅橡胶表面流注传播概率随外加
电场强度的变化（脉冲幅值 4kV）

二、流注传播速度

图 5-11 给出了深圳（气压 0.10MPa，湿度 11.60g/m³）、昆明（气压 0.08MPa，湿度 11.55g/m³）、羊八井（气压 0.06MPa，湿度 8.20g/m³）三个地区空气中、硅橡胶表面流注稳定传播速度随脉冲幅值变化的曲线。不同气压下，空气中、硅橡胶表面流注稳定传播速度都与脉冲幅值成线性关系，随着脉冲幅值增加，流注稳定传播速度增加。此外，不同气压下流注稳定传播速度的大小有一定差异，但相差不大，不好看出气压与流注稳定传播速度之间存在的规律。因为在三个地区进行的试验，不能保证湿度一致，例如羊八井气候干燥，

在羊八井进行的流注试验研究湿度的变化范围是 $3\sim8.20\text{g/m}^3$，因此，不好排除湿度的影响进而总结气压对流注稳定传播速度的影响。更重要的是相同绝对湿度下空气中水蒸气分压在不同的海拔地区与空气总气压的比值也是不相同的，那么对流注放电的影响也是不相同的。在讨论部分将引入绝对湿度与空气密度比值的概念，进行三个地区流注稳定传播速度与气压、湿度关系的拟合，进而总结了流注稳定传播速度随气压、湿度的变化规律。图5-12 和图 5-13 分别给出了昆明和羊八井地区空气中、硅橡胶表面流注传播速度随外加电场强度的变化曲线。试验数据显示在相同电场强度下，随气压的降低，流注传播速度增大。图 5-12 和图 5-13 中的流注的速度曲线通过式（1-4）进行拟合，式（1-4）中各个系数的取值见表 5-3。

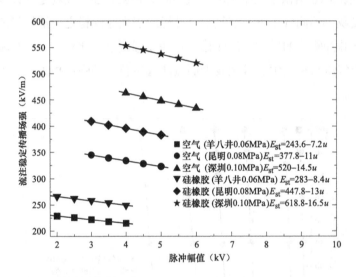

图 5-10　不同气压下空气中、硅橡胶表面流注稳定传播场强随脉冲幅值的变化

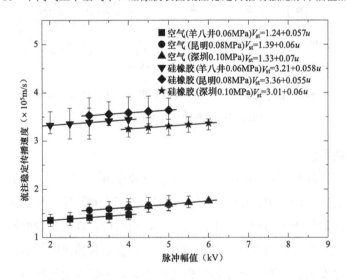

图 5-11　不同气压下空气中、硅橡胶表面流注稳定传播速度随脉冲幅值的变化

102

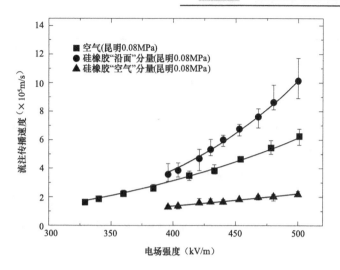

图 5-12 气压 0.08MPa 下空气中、硅橡胶表面流注传播速度随外加

电场强度的变化（脉冲幅值 4kV）

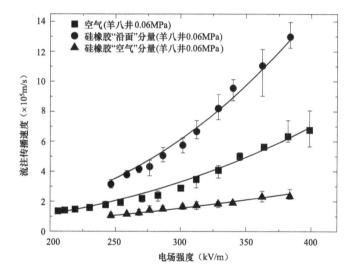

图 5-13 气压 0.06MPa 下空气中、硅橡胶表面流注传播速度随外加

电场强度的变化（脉冲幅值 4kV）

表 5-3   式（1-4）中的相关系数取值

材 料	E_{st}（kV/m）	"沿面"分量			"空气"分量		
		V_{st}（×10⁵m/s）	$\gamma \times 100$	n	V_{st}（×10⁵m/s）	$\gamma \times 100$	n
空气（0.10MPa）	460	1.62	−1.52	3.1	1.62	−1.52	3.1
空气（0.08MPa）	332	1.63	2.30	3	1.63	2.30	3
空气（0.06MPa）	215	1.46	−1.81	2.6	1.46	−1.81	2.6
硅橡胶（0.10MPa）	553	3.25	−0.30	4.4	1.44	1.8	2.3

材　料	E_{st}（kV/m）	"沿面"分量			"空气"分量		
		V_{st}（×10⁵m/s）	$\gamma\times100$	n	V_{st}（×10⁵m/s）	$\gamma\times100$	n
硅橡胶（0.08MPa）	396	3.58	0.99	4.3	1.19	1.54	2.2
硅橡胶（0.06MPa）	249	3.44	0.67	3	1.10	−1.57	2

三、流注头部发光强度

图 5-14 给出了深圳（气压 0.10MPa，湿度 11.60g/m³）、昆明（气压 0.08MPa，湿度 11.55g/m³）、羊八井（气压 0.06MPa，湿度 8.20g/m³）三个地区空气中、硅橡胶表面流注在稳定传播场强作用下其头部发光强度随外加电脉冲幅值变化的曲线。不同气压下，流注头部发光强度都与脉冲幅值成线性反比例关系，随着脉冲幅值增加，流注头部发光强度稍有减少。

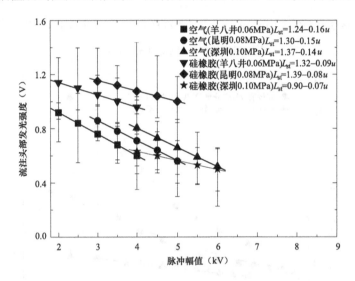

图 5-14　不同气压下空气中、硅橡胶表面流注稳定传播过程中
发光强度随脉冲幅值的变化

图 5-15 和图 5-16 分别给出了昆明和羊八井空气中、硅橡胶表面流注头部发光强度随外加电场强度的变化曲线。试验数据显示在电场强度相等的情况下，随气压的降低，流注头部发光强度增大，这就解释了相同电场强度下气压与流注传播速度负相关的原因。图 5-15 和图 5-16 中的流注头部发光强度的曲线通过式（1-7）进行拟合，式（1-7）中各个系数的取值见表 5-4。

表 5-4　　　　　　　　式（1-7）中相关系数取值

材　料	E_{st}（kV/m）	"沿面"分量			"空气"分量		
		L_{st}（V）	$\eta\times100$	n	L_{st}（V）	$\eta\times100$	n
空气（0.10MPa）	460	0.80	3.92	6.5	0.80	3.92	6.5

续表

材　料	E_{st}（kV/m）	"沿面" 分量			"空气" 分量		
		L_{st}（V）	$\eta \times 100$	n	L_{st}（V）	$\eta \times 100$	n
空气（0.08MPa）	332	0.71	0.52	6.5	0.71	0.52	6.5
空气（0.06MPa）	215	0.60	3.06	6	0.60	3.06	6
硅橡胶（0.10MPa）	553	0.63	−0.06	9	1.13	−0.11	4
硅橡胶（0.08MPa）	396	1.07	1.94	9	1.62	0.86	4
硅橡胶（0.06MPa）	249	0.96	−0.59	8	1.32	0.21	4

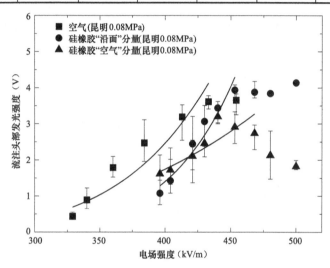

图 5-15　气压 0.08MPa 作用下空气中、硅橡胶表面流注头部发光强度随外加

电场强度的变化（脉冲幅值 4kV）

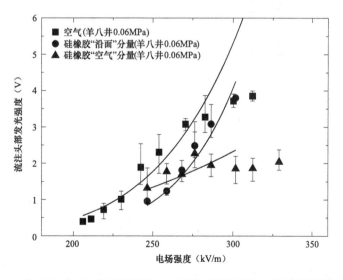

图 5-16　气压 0.06MPa 作用下空气中、硅橡胶表面流注头部发光强度随外加

电场强度的变化（脉冲幅值 4kV）

🎚 第四节　试验结果的分析和讨论

一、气压、湿度与流注稳定传播场强的关系

气压 0.10MPa 下空气中、硅橡胶表面流注稳定传播场强随 h/δ 的变化如图 5-17 所示，h 为绝对湿度，δ 为空气密度，本文中的空气密度统一进行了归一化，指的是实际试验地点的空气密度与标准空气密度的比值，为无量纲的值。h/δ 的概念是由 IEC 标准提出。可以明显地看出流注稳定传播场强 $E_{st}(u)$ 与 h/δ 之间存在很好的线性关系，随着 h/δ 的增加，流注稳定传播场强 $E_{st}(u)$ 线性增加。可以利用流注稳定传播场强与 h/δ 之间的线性关系，计算出标准气象条件下（$h=11g/m^3$，$\delta=1$）的流注稳定传播场强 $E_{stn}(u)$。h/δ 影响流注稳定传播场强相应的湿度系数 $\varepsilon_{st}(u)$，可以利用式（5-1）计算。式（5-1）中 $s_{st}(u)$ 是流注稳定传播场强 $E_{st}(u)$ 与 h/δ 线性关系的斜率（图 5-17 中拟合曲线斜率）。

$$\varepsilon_{st}(u) = \frac{100 \times s_{st}(u)}{E_{stn}(u)} \tag{5-1}$$

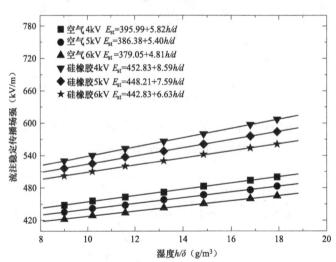

图 5-17　气压 0.10MPa 下空气中、硅橡胶表面流注稳定
传播场强随 h/δ 的变化

标准气象条件下（$h=11g/m^3$，$\delta=1$）流注稳定传播场强 $E_{stn}(u)$ 和湿度系数 $\varepsilon_{st}(u)$ 随脉冲幅值的变化曲线如图 5-18 所示。硅橡胶表面流注稳定传播场强的湿度系数 $\varepsilon_{st}(u)$ 大于空气中流注稳定传播场强的湿度系数 $\varepsilon_{st}(u)$，说明硅橡胶表面流注稳定传播场强受湿度的影响大于空气中流注稳定传播场强受湿度的影响。

湿度和脉冲幅值都对空气中、绝缘介质表面流注稳定传播场强有影响（见图 5-17、图 5-18），考虑湿度和脉冲幅值影响的流注稳定传播场强计算公式如式（5-2）所示，上式是

空气中流注稳定传播场强的计算式，下式是硅橡胶表面流注稳定传播场强的计算式。

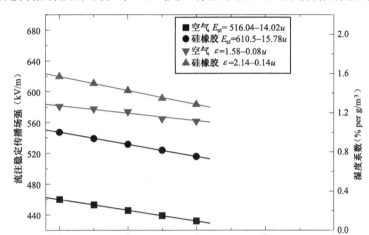

图 5-18　标准气象条件下（$h=11\text{g/m}^3$，$\delta=1$）流注稳定传播场强 $E_{stn}(u)$ 和

湿度系数 $\varepsilon_{st}(u)$ 随脉冲幅值的变化曲线

$$
\begin{cases}
E_{st}(u,\delta,h) = (516.4 - 14.0u)\left[1 + \dfrac{1.58 - 0.08u}{100}\left(\dfrac{h}{\delta} - 11\right)\right] \\[4mm]
E_{st}(u,\delta,h) = (610.5 - 15.8u)\left[1 + \dfrac{2.14 - 0.14u}{100}\left(\dfrac{h}{\delta} - 11\right)\right]
\end{cases}
\tag{5-2}
$$

在昆明、羊八井地区也进行了不同湿度条件下，空气中和硅橡胶表面流注传播特性试验。因此，可以利用相同的方法，得到昆明、羊八井地区空气中、硅橡胶表面流注稳定传播场强与湿度、脉冲幅值相关的计算式（5-3）、式（5-4）。考虑到式（5-2）～式（5-4）的差异是由于气压，即空气密度 δ 的差异造成的，因此，将空气密度 δ 引入流注稳定传播场强的计算公式中，将式（5-2）～式（5-4）合并为式（5-5）。式（5-5）可以计算不同气象条件（气压、湿度）、脉冲幅值下空气中、硅橡胶表面流注稳定传播场强的大小。经验证式（5-5）计算得到的流注稳定传播场强和试验测量得到的数据误差不超过 2%，证明了拟合式（5-5）的准确性。

$$
\begin{cases}
E_{st}(u,\delta,h) = (360.5 - 10.0u)\left[1 + \dfrac{1.50 - 0.08u}{100}\left(\dfrac{h}{\delta} - 11\right)\right] \\[4mm]
E_{st}(u,\delta,h) = (425.0 - 11.5u)\left[1 + \dfrac{1.95 - 0.12u}{100}\left(\dfrac{h}{\delta} - 11\right)\right]
\end{cases}
\tag{5-3}
$$

$$
\begin{cases}
E_{st}(u,\delta,h) = (234.0 - 6.5u)\left[1 + \dfrac{1.42 - 0.07u}{100}\left(\dfrac{h}{\delta} - 11\right)\right] \\[4mm]
E_{st}(u,\delta,h) = (270.0 - 7.2u)\left[1 + \dfrac{1.65 - 0.10u}{100}\left(\dfrac{h}{\delta} - 11\right)\right]
\end{cases}
\tag{5-4}
$$

$$\begin{cases} E_{st}(u,\delta,h) = (516.4 - 14.02u)\delta^{1.55}\left[1 + \dfrac{(1.58 - 0.08u)\delta^{0.21}}{100}\left(\dfrac{h}{\delta} - 11\right)\right] \\ E_{st}(u,\delta,h) = (610.5 - 15.78u)\delta^{1.60}\left[1 + \dfrac{(2.14 - 0.14u)\delta^{0.51}}{100}\left(\dfrac{h}{\delta} - 11\right)\right] \end{cases} \tag{5-5}$$

通过式（5-5）可以看出硅橡胶表面流注稳定传播场强受气压的影响大于空气中流注稳定传播场强受气压的影响，这一点可以更明显地从图 5-19 中看出。图 5-19 给出了空气中、硅橡胶表面流注稳定传播场强随空气密度变化曲线。随着气压的降低，硅橡胶表面流注稳定传播场强下降程度大于空气中流注稳定传播场强的下降程度，气压越低，两者的大小越接近。将空气密度对应于海拔，可以计算得到空气中的流注稳定传播场强随海拔升高，每千米下降 12.6%，硅橡胶表面流注稳定传播场强随海拔升高，每千米下降 13.0%。

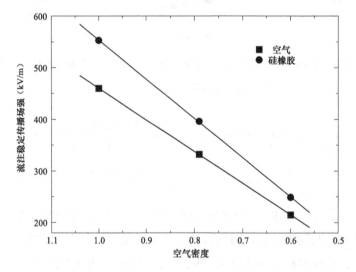

图 5-19　空气中、硅橡胶表面流注稳定传播场强随空气
密度变化（脉冲幅值 4kV）

升高两极板间电压，在不同海拔地区进行了空气中、硅橡胶表面闪络试验，图 5-20 给出了空气中、硅橡胶表面 50%闪络电场强度随空气密度变化曲线。空气中的 50%闪络电场强度随海拔升高，每千米下降 10.2%，硅橡胶表面 50%闪络电场强度随海拔升高，每千米下降 10.7%。因此，发现 50%闪络电场强度随海拔升高的下降程度小于流注稳定传播电场强度的下降程度，可以认为空气密度的变化对碰撞电离的影响大于对热电离的影响。

图 5-21 和图 5-22 分别是空气中和硅橡胶表面流注稳定传播场强随空气密度和绝对湿度变化的等势图，脉冲幅值 u 为零。可以很容易地看出某种气象条件下空气中、硅橡胶表面流注稳定传播场强的大概数值，非常有利于工程实际的应用。图 5-21 和图 5-22 所示的数据是通过式（5-5）计算得到的。

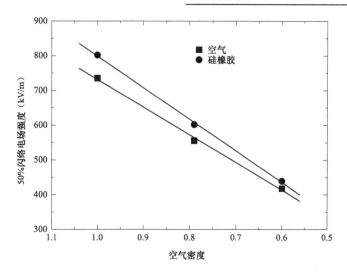

图 5-20 空气中、硅橡胶表面 50%闪络电场强度随空气密度变化（脉冲幅值 4kV）

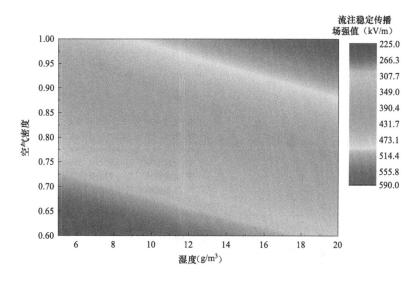

图 5-21 空气中流注稳定传播场强随空气密度和绝对湿度变化的等势图

二、气压、湿度与流注稳定传播速度的关系

气压 0.10MPa 作用下空气中、硅橡胶表面流注稳定传播速度随 h/δ 的变化如图 5-23 所示。流注稳定传播速度 $v_{st}(u)$ 与 h/δ 之间存在很好的线性关系，随着 h/δ 的增加，流注稳定传播速度 $v_{st}(u)$ 线性增加。利用第五章第四节第一部分的方法得到标准气象条件下（$h=11g/m^3$，$\delta=1$）的流注稳定传播速度 $v_{stn}(u)$。湿度 h/δ 影响流注稳定传播速度相应的湿度系数 $\zeta_{st}(u)$，可以利用式（5-6）计算。式（5-6）中 $a_{st}(u)$ 是流注稳定传播速度 $v_{st}(u)$ 与 h/δ 线性关系的斜率（图 5-23 中拟合曲线斜率）。

$$\zeta_{st}(u) = \frac{100 \times a_{st}(u)}{v_{stn}(u)} \tag{5-6}$$

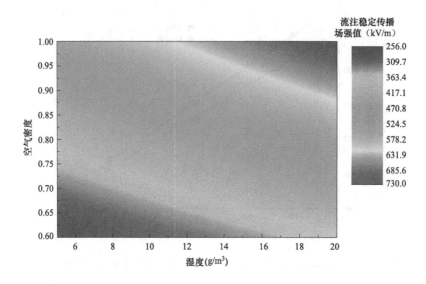

图 5-22　硅橡胶表面流注稳定传播场强随空气密度和绝对湿度变化的等势图

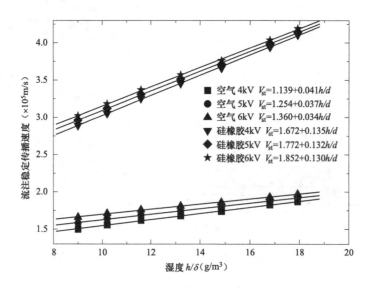

图 5-23　气压 0.10MPa 作用下空气中、硅橡胶表面流注稳定传播速度随 h/δ 的变化

图 5-24 中给出了标准气象条件下流注稳定传播速度 $v_{stn}(u)$ 和湿度系数 $\zeta_{st}(u)$ 随脉冲幅值的变化曲线。硅橡胶表面流注稳定传播速度的湿度系数 $\zeta_{st}(u)$ 大于空气中流注稳定传播速度的湿度系数 $\zeta_{st}(u)$，说明硅橡胶表面流注稳定传播速度受湿度的影响大于空气中流注稳定传播速度受湿度的影响。

湿度和脉冲幅值对空气中、硅橡胶表面流注稳定传播速度的影响（见图 5-23 和图 5-24），考虑湿度和脉冲幅值影响的流注稳定传播速度可以利用式（5-7）计算，上式是空气中流注稳定传播速度的计算式，下式是硅橡胶表面流注稳定传播速度的计算式。

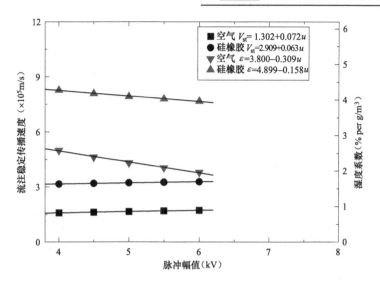

图 5-24 湿度系数和标准气象条件下空气中、硅橡胶表面流注稳定传播速度随脉冲幅值的变化

$$
\begin{cases}
v_{st}(u,\delta,h) = (1.302+0.072u)\left[1+\dfrac{3.800-0.309u}{100}\left(\dfrac{h}{\delta}-11\right)\right] \\[2ex]
v_{st}(u,\delta,h) = (2.909+0.063u)\left[1+\dfrac{4.899-0.158u}{100}\left(\dfrac{h}{\delta}-11\right)\right]
\end{cases}
\tag{5-7}
$$

利用上述方法可以得到昆明、羊八井地区空气中和硅橡胶表面流注稳定传播速度与湿度、脉冲幅值相关的计算式（5-8）、式（5-9）。和上一小节类似，将式（5-7）～式（5-9）合并为式（5-10）。式（5-10）可以计算不同气象条件（气压、湿度）、脉冲幅值下空气中、硅橡胶表面流注稳定传播速度的大小。通过式（5-10）可以发现硅橡胶表面流注稳定传播速度受气压的影响小于空气中流注稳定传播速度受气压的影响。式（5-10）计算得到的流注稳定传播速度和试验测量得到的数据误差不超过 2%，证明了拟合式（5-10）的准确性。当利用式（5-5）和式（5-10）分别得到空气中、硅橡胶表面流注稳定传播场强和速度后，可以继续利用式（1-4）和表 5-1、表 5-3 中的系数得到不同电场强度下流注的传播速度。

$$
\begin{cases}
v_{st}(u,\delta,h) = (1.224+0.068u)\left[1+\dfrac{3.716-0.302u}{100}\left(\dfrac{h}{\delta}-11\right)\right] \\[2ex]
v_{st}(u,\delta,h) = (2.890+0.063u)\left[1+\dfrac{4.738-0.153u}{100}\left(\dfrac{h}{\delta}-11\right)\right]
\end{cases}
\tag{5-8}
$$

$$
\begin{cases}
v_{st}(u,\delta,h) = (1.130+0.062u)\left[1+\dfrac{3.611-0.294u}{100}\left(\dfrac{h}{\delta}-11\right)\right] \\[2ex]
v_{st}(u,\delta,h) = (2.865+0.062u)\left[1+\dfrac{4.538-0.146u}{100}\left(\dfrac{h}{\delta}-11\right)\right]
\end{cases}
\tag{5-9}
$$

$$\begin{cases} v_{\text{st}}(u,\delta,h) = (1.302+0.072u)\delta^{0.28}\left[1+\dfrac{(3.800-0.309u)\delta^{0.1}}{100}\left(\dfrac{h}{\delta}-11\right)\right] \\[3mm] v_{\text{st}}(u,\delta,h) = (2.909+0.063u)\delta^{0.03}\left[1+\dfrac{(4.899-0.158u)\delta^{0.15}}{100}\left(\dfrac{h}{\delta}-11\right)\right] \end{cases} \quad (5\text{-}10)$$

图 5-25 和图 5-26 分别是空气中和硅橡胶表面流注稳定传播速度随空气密度和绝对湿度变化的等势图,脉冲幅值 u 为零。可以很容易地看出某种气象条件下空气中和硅橡胶表面流注稳定传播速度的大概数值,非常有利于工程实际的应用。图 5-25 和图 5-26 所示的数据是通过式(5-10)计算得到的。

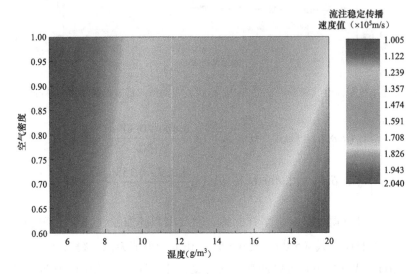

图 5-25 空气中流注稳定传播速度随空气密度和绝对湿度变化的等势图

三、气压、湿度对流注传播特性影响的分析

从试验结果可以知道湿度对空气中、硅橡胶表面流注传播特性的影响表现为湿度越高,流注稳定传播场强越大,在相同电场强度下,流注的传播速度越小。此外,硅橡胶表面流注传播特性受湿度的影响大于空气中流注传播特性受湿度的影响。流注能向前传播,是由于从流注头部辐射出的大量光子与周围气体发生光电离产生二次电子,二次电子通过碰撞电离形成二次电子崩。所以有两个主要的因素影响了流注传播能力:一是流注头部碰撞电离的效应强弱,二是电离区域中产生光电子数量。图 5-27 给出了标准大气压下,湿度不同时附着系数 η 随电场强度 E 的变化。可以看出附着系数 η 随着湿度的增大而增大。由于 η 和 E 的关系是分段函数,所以在图 5-27 中曲线出现了拐点。表 5-5 给出了复合系数 β 在不同湿度时的取值。正负离子之间、电子与正离子之间的复合效应都随着湿度的增加而增加。因此,湿度高时,一方面流注头部电子容易因附着效应和复合效应而消失,将不利于流注头部的碰撞电离作用;另一方面,流注通道内的离子会因为附着和复合效应而减小,流注通道的电导率会极大地下降,流注通道上的压降增大,流注头部电场强度则会减小,也不

利于流注头部电离。这两方面的影响将会导致流注传播困难，也即流注稳定传播场强增高，相同电场强度下流注的传播速度减小。

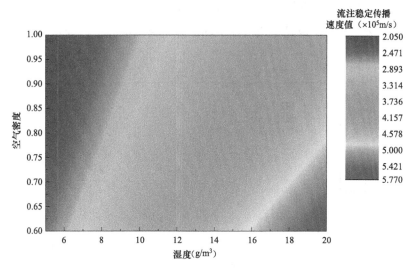

图 5-26 硅橡胶表面流注稳定传播速度随空气密度和绝对湿度变化的等势图

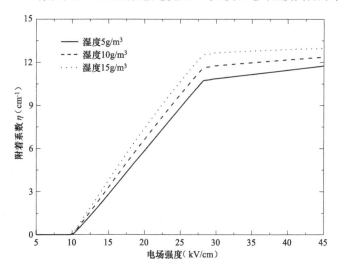

图 5-27 不同湿度下附着系数随电场强度的变化

表 5-5 复合系数随湿度的变化

复 合 系 数	湿度（g/m³）		
	5	10	15
正负离子（×10⁻¹²m³/s）	2.21	2.42	2.63
电子正离子（×10⁻¹²m³/s）	1.01	1.83	2.64

标准大气压下，湿度不同时有效电离系数 $\alpha-\eta$ 受电场强度 E 的影响情况如图 5-28 所示。电场强度较大时，湿度与有效电离系数 $\alpha-\eta$ 正相关，电场强度较小时，湿度与有效电离系

数 $\alpha-\eta$ 负相关，因此，$\alpha-\eta=0$ 时的电场强度随湿度增大而升高，从 5g/m³ 时的 29.0kV/cm 上升到 15g/m³ 时的 29.1kV/cm。碰撞电离只能发生在 $\alpha-\eta>0$ 的电场区域，因此，当湿度高时，流注头部能发生碰撞电离的区域将减小，同时，小部分高场强区域的 $\alpha-\eta$ 增大，而大部分低场强区域 $\alpha-\eta$ 减小，也是造成流注头部碰撞电离效应减弱，导致流注传播困难的一个原因。

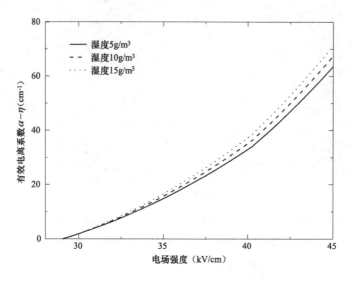

图 5-28　标准大气压下，湿度不同时有效电离系数 $\alpha-\eta$ 受电场强度 E 的影响情况

从电离区域中产生光电子数量方面考虑的话，可以从本小节的研究中发现，相同电场强度下，湿度高时，流注头部发光强度微弱，因此，后续光电离也会较弱，流注传播困难，也就是说流注后续传播速度会较慢，流注稳定传播需要更高的场强。

硅橡胶表面流注稳定传播场强受湿度的影响大于空气中流注稳定传播场强受湿度的影响。分析原因：当湿度较大时，大量的小水珠会附着于硅橡胶表面。推测会有两方面的影响：①硅橡胶表面电荷附着效应增加；②硅橡胶表面光致电子发射效应减弱。这两方面的影响都将使沿面流注的传播更加困难，所以湿度的变化对硅橡胶沿面流注的影响大于空气中的流注。

气压对空气中、硅橡胶表面流注传播特性的影响表现为气压越高，流注稳定传播场强越大，在相同电场强度下，流注的传播速度越小。此外，随着气压的降低，硅橡胶表面流注稳定传播电场的下降程度大于空气中流注稳定传播电场的下降程度，而硅橡胶表面流注稳定传播速度的下降程度小于空气中流注稳定传播速度的下降程度。

湿度 10g/m³ 时，不同气压下附着系数 η 随电场强度 E 的变化如图 5-29 所示。可以明显看出附着系数 η 随着气压的降低而降低。有研究者认为不同大气压下复合系数 β 大致相同，但也有研究者认为低气压下复合系数 β 相对较小。因此，气压较低时，一方面流注头部电子不容易因附着效应和复合效应而消失，将有利于流注头部的碰撞电离作用；另一方面，流注通道内离子的附着和复合效应减弱，流注通道的电导率增大，流注通道上的压降减小，流注头部电场强度会增强，有利于头部的电离作用。这两方面的影响导致低气压下流注传播将更加容易，即随着气压的降低，流注稳定传播场强减小，相同电场强度下，流注的传播速度增加。

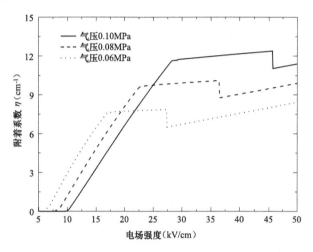

图 5-29　湿度 10g/m³ 时，不同气压下附着系数 η 随电场强度 E 的变化

湿度 10g/m³ 时，不同大气压下电场强度 E 对有效电离系数 $\alpha-\eta$ 的影响情况如图 5-30 所示。在相同的电场强度作用下，气压与有效电离系数 $\alpha-\eta$ 负相关，因此，随着气压的降低 $\alpha-\eta=0$ 对应的电场强度减小，气压 0.10、0.08、0.06MPa 时分别为 29.1、23.3、17.5kV/cm。因此，气压降低时，流注头部能发生碰撞电离的区域和有效电离系数都将增大，将导致流注头部碰撞电离效应增强，这应该也是低气压下流注传播更加容易的一个原因。

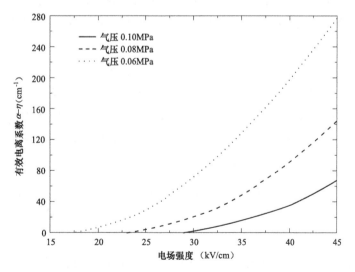

图 5-30　湿度 10g/m³ 时，不同大气压下电场强度 E 对有效电离系数 $\alpha-\eta$ 的影响情况

从电离区域中产生光电子数量方面考虑的话，可以在本章第三节第三部分的试验数据中发现，相同电场强度下，气压高时，流注头部发光强度微弱，因此，后续光电离也会较

弱，将会导致流注传播速度较慢，流注稳定传播需要更高的场强，也能很好地解释气压对流注传播特性的影响。

另外，从试验结果得知，空气中、硅橡胶表面流注的稳定传播场强都随着气压的降低而减小，可是硅橡胶表面流注稳定传播场强的下降程度大于空气中流注稳定传播场强的下降程度，即低气压下，硅橡胶表面流注能在更低的电场强度下传播，分析应该是硅橡胶表面光致电子发射的作用。硅橡胶表面光致电子发射只和绝缘介质的表面状况有关系，其效果不随气压变化而变化。从本章第三节第三部分可以看出不同气压下，流注稳定传播时其头部发光强度相差不大，甚至，在高海拔地区，流注头部发光强度更强。在相同数量光子撞击硅橡胶表面时，产生的二次电子的数量大致相同，可是在高海拔地区，空气密度小，电子自由行程大，光致电子发射效应产生的二次电子更容易发展成为二次电子崩，将使沿面流注的发展比低海拔地区更加容易，所以在高海拔地区硅橡胶表面流注能在更低的电场强度下传播。同时，由于表面光致电子发射的作用，在高海拔地区硅橡胶表面流注传播的速度也会很快，因此，随着海拔的增加，硅橡胶表面流注稳定传播速度的下降程度没有像空气中流注稳定传播速度的下降程度那么大。

📊 第五节 本 章 小 结

本章在深圳（海拔 70m，气压 0.10MPa）研究了不同湿度下空气中和硅橡胶表面流注传播特性，分析湿度对空气中和硅橡胶表面流注传播特性的影响机理。在昆明（海拔 2100m，气压 0.08MPa）、羊八井（海拔 4300m，气压 0.06MPa）进行空气中和硅橡胶表面流注传播特性试验，与深圳的试验结果进行对比，分析气压对空气中和硅橡胶表面流注传播特性的影响机理。具体结论如下：

（1）湿度越高，空气中和硅橡胶表面流注稳定传播场强越大，在相同电场强度下，流注的传播速度和发光强度越小，主要是高湿度下附着系数和复合系数较大造成的。

（2）硅橡胶表面流注传播特性受湿度的影响大于空气中流注传播特性受湿度的影响。主要原因是湿度高时，硅橡胶表面易附着水滴，会使硅橡胶表面电荷附着效应增加、光致电子发射效应减弱，沿面流注更难发展。

（3）气压越高，空气中和硅橡胶表面流注稳定传播场强越大，在相同电场强度下，流注的传播速度和发光强度越小，主要是气压低时附着系数较小，而有效电离系数较大造成的。

（4）随着气压的降低，硅橡胶表面流注稳定传播场强的下降程度大于空气中流注稳定传播场强的下降程度，而硅橡胶表面流注稳定传播速度的下降程度小于空气中流注稳定传播速度的下降程度。主要原因是在高海拔地区，空气密度小，电子自由行程大，硅橡胶表面光致电子发射效应产生的二次电子更容易发展成为二次电子崩，将使沿面流注的发展比低海拔地区更加容易，而空气中流注在发展过程中没有这种效应。

（5）50%闪络电场强度随海拔升高的下降程度小于流注稳定传播场强的下降程度，可以认为空气密度的变化对碰撞电离的影响大于对热电离的影响。

（6）根据不同气压、湿度情况下，空气中和硅橡胶表面流注稳定传播场强和速度的数据，拟合出流注稳定传播场强、速度与气压、湿度相关的计算公式，为复杂气象条件下输变电设备外绝缘设计标准提供理论和试验依据。

第六章

流注放电数理模型的建立和工程应用研究

前面几章主要通过试验测量的方式对流注和闪络放电阶段展开了研究，包括在绝缘介质和空气间隙中的放电特性进行了深入分析。第五章以气压、湿度作为变量通过试验测量了流注传播场强、流注传播速度、流注头部发光强度等物理量，探究了气压和湿度对流注放电影响的机理。本章将基于流体物理模型建立流注放电的数理模型，通过仿真方式研究气压、湿度对流注放电的影响，为流注放电机理揭示提供理论依据。

本章将对三电极结构进行理论简化，使其更好适应于流注数理模型的求解计算。仿真计算的数据将围绕不同气压、湿度下的流注的传播过程、流注传播速度、流注传播场强进行展开，并将仿真数据与试验数据进行对比，创新性地提出了气压、湿度与流注通道直径之间的数理关系式，将数理模型误差降低到5%以内，为完善绝缘介质沿面放电机理和数理模型提供了理论支撑。

第一节 流注放电数理模型及计算方法

一、数理模型的建立

流注的传播特性可利用各种物理模型，通过仿真计算进行研究。目前应用最广泛的是通过求解流体模型进行仿真。在外加电场的作用下，放电空间存在带电粒子（电子、正离子、负离子）的扩散、漂移，同时存在电离、附着、复合、解离等物理过程。由于放电持续时间很短，一般忽略正负离子的扩散，各种带电粒子的密度随时间、空间的变化规律用连续性方程进行描述。

目前 3 维连续性方程的数值算法还不成熟，需要利用一些假设将 3 维方程转化为 2 维方程。通过假设放电通道为半径固定的圆柱，电荷在放电通道横截面上的分布为已知的，可以将 2 维方程进一步转化为 1.5 维方程（即连续性方程为 1 维方程，泊松方程 2 维方程）。2 维连续性方程的求解目前只能在很短的间隙中进行，且计算所需时间很长，因此，本文采用如式（6-1）～式（6-4）所示的 1.5 维流体模型。假设电荷在放电通道横截面上均匀分布，则有：

$$\frac{\partial N_e}{\partial t} + \frac{\partial N_e V_e}{\partial z} - \frac{\partial}{\partial z}\left(D_e \frac{\partial N_e}{\partial z}\right) = (\alpha - \eta)N_e |v_e| - \beta_{ep}N_e N_p + S \tag{6-1}$$

$$\frac{\partial N_p}{\partial t} + \frac{\partial N_p v_p}{\partial z} = \alpha N_e \mid v_e \mid -\beta_{ep} N_e N_p - \beta_{np} N_n N_p + S \qquad (6\text{-}2)$$

$$\frac{\partial N_n}{\partial t} + \frac{\partial N_n v_n}{\partial z} = \eta N_e \mid v_e \mid -\beta_{np} N_n N_p \qquad (6\text{-}3)$$

$$\frac{\partial^2 \varphi}{\partial z^2} + \frac{\partial^2 \varphi}{\partial r^2} + \frac{1}{r}\frac{\partial \varphi}{\partial r} = -\frac{e(N_p - N_e - N_n)}{\varepsilon_0} \qquad (6\text{-}4)$$

式中　t　　　　　　　　——时间；

r 和 z　　　　　　——分别为圆柱坐标系的径向和轴向坐标；

N_e、N_p 和 N_n　　——分别为电子、正离子和负离子的密度；

v_e、v_p 和 v_n　　——分别为电子、正离子和负离子的迁移速度；

D_e　　　　　　　　——电子的扩散系数；

α、η、β_{ep}、β_{np}　——分别为碰撞电离、附着、电子–正离子复合、正离子–负离子

　　　　　　　　　　　　复合等物理过程对应的系数；

φ、ε_0 和 e　　　——分别为电动势、真空介电常数和电子的电荷量；

S　　　　　　　　　——由于光电离（S_{ph}）和背景辐射电离（S_0）产生的电子和正离

　　　　　　　　　　　子（$S = S_{ph} + S_0$），其中 S_0 的作用是模拟空间背景辐射电离产

　　　　　　　　　　　生的电子和正离子，从而触发放电，引起流注的产生，当放

　　　　　　　　　　　电形成后，S_0 的影响可忽略不计。

式（6-1）～式（6-3）分别为电子、正离子和负离子的连续性方程，式（6-4）为泊松方程。

二、连续方程的计算方法

流注头部电荷密度的梯度非常大，用一般的差分格式处理连续性方程难以得到稳定的结果。Boris 和 Book 针对这类问题，提出了用来求解连续性方程的通量校正运移（FCT）算法。在他们研究的基础上，研究者通过有限差分法和有限元法相结合，对这一算法进行了大量改进，在放电产生的带电粒子分布问题的研究中得到了广泛的应用。不但能够求解均匀网格上的连续性方程，也可以求解非均匀网格上的连续性方程。

本章采用非均匀网格上的通量校正运移（FCT）算法来求解连续性方程。在求解中采用了动态网格调整算法，使得流注头部的网格始终保持足够的精度。FCT 算法简述如下：

忽略连续性方程右边的源项。此时，连续性方程可以表示成式（6-5）的形式。

$$\frac{\partial N}{\partial t} + \frac{\partial Nv}{\partial z} = \frac{\partial}{\partial z}\left(D\frac{\partial N}{\partial z}\right) \qquad (6\text{-}5)$$

将式（6-5）转化为离散形式。设共有 L 个节点，各个节点 t_n 时刻带电粒子的密度为 $[N_i^n \mid i = 1{:}L]$。节点 t_{n+1} 时刻的密度 $\tilde{N}_i^{n+1}$ 满足如下关系：

$$\tilde{N}_i^{n+1} = a_i N_{i-1}^n + b_i N_i^n + c_i N_{i+1}^n \qquad (6\text{-}6)$$

由于各个带电粒子的密度守恒，因此系数 a_i、b_i、c_i 之间有如下的关系：

$$N_i^n = a_{i+1}N_i^n + b_i N_i^n + c_{i-1}N_i^n \tag{6-7}$$

式（6-6）和式（6-7）中的 a_i、b_i、c_i 都是节点之间的距离 $\Delta z_{i+1/2}(\Delta z_{i+1/2} = z_{i+1} - z_i)$，节点处的速度 v_i 以及时间步长 $\Delta t(\Delta t = t_{n+1} - t_n)$ 的函数。下面定义反扩散项：

$$\phi_{i+1/2} = F(N_{i-1}^n, N_i^n, N_{i+1}^n, N_{i+2}^n, \tilde{N}_i^{n+1}, \tilde{N}_i^{n+1}) \tag{6-8}$$

$$\phi_{i-1/2} = G(N_{i-2}^n, N_{i-1}^n, N_i^n, N_i^n, \tilde{N}_{i-1}^{n+1}, \tilde{N}_i^{n+1}) \tag{6-9}$$

对反扩散项进行修正：

$$\tilde{\phi}_{i+1/2} = C_{i+1/2}\phi_{i+1/2} \tag{6-10}$$

$$\tilde{\phi}_{i-1/2} = C_{i-1/2}\phi_{i-1/2} \tag{6-11}$$

利用修正后的反扩散项得到节点 i 处 t_{n+1} 时刻的密度 N_i^{n+1}：

$$N_i^{n+1} = \tilde{N}_i^{n+1} - \tilde{\phi}_{i+1/2} + \tilde{\phi}_{i-1/2} \tag{6-12}$$

下面以电子连续性方程为例，介绍连续性方程右边源项的处理方法。设不考虑源项时，t_n 和 t_{n+1} 时刻各个节点的电子密度分别为 N_e^n 和 N_e^{n+1}，正离子密度为 N_p^n 和 N_p^{n+1}，则有：

$$\Delta \hat{N}_e^{n+1/2} = \frac{\Delta t}{2}[(\alpha - \eta)N_e^n \mid v_e^n \mid - \beta_{ep}N_e^n N_p^n + S] \tag{6-13}$$

$$\hat{N}_e^{n+1/2} = \frac{N_e^n + N_e^{n+1}}{2} + \Delta \hat{N}_e^{n+1/2} \tag{6-14}$$

$$\Delta \hat{N}_e^{n+1} = \Delta t[(\alpha - \eta)\hat{N}_e^{n+1/2} \mid v_e^n \mid - \beta_{ep}\hat{N}_e^{n+1/2}\hat{N}_p^{n+1/2} + S] \tag{6-15}$$

$$\hat{N}_e^{n+1} = N_e^{n+1} + \Delta \hat{N}_e^{n+1} \tag{6-16}$$

利用上述方法，便可以得到 t_{n+1} 时刻，各个节点处，包括连续性方程右边源项影响的电子、正负离子的密度 $\hat{N}_e^{n+1}$、$\hat{N}_p^{n+1}$、$\hat{N}_n^{n+1}$。空间净电荷密度 $\hat{N}_{total}^{n+1}$ 为

$$\hat{N}_{notal}^{n+1} = \hat{N}_p^{n+1} - \hat{N}_e^{n+1} - \hat{N}_n^{n+1} \tag{6-17}$$

要使计算的结果收敛，需要满足如下的 Courant-Friedricks-Lewy 条件和 Neuman 条件：

$$\Delta t \leqslant \frac{\Delta z}{\mid v_e \mid} \tag{6-18}$$

三、泊松方程的计算方法

利用中心差分，将泊松方程中各项转化为离散形式：

$$\frac{\partial^2 \phi}{\partial z^2} = \frac{(\phi_{i,j+1} - \phi_{i,j})/(z_{j+1} - z_j) - (\phi_{i,j} - \phi_{i,j-1})/(z_j - z_{j-1})}{(z_{j+1} - z_{j-1})/2} \tag{6-19}$$

$$\frac{\partial^2 \phi}{\partial r^2} = \frac{(\phi_{i+1,j} - \phi_{i,j})/(r_{i+1} - r_i) - (\phi_{i,j} - \phi_{i-1,j})/(r_i - r_{i-1})}{(r_{i+1} - r_{i-1})/2} \tag{6-20}$$

$$\frac{\partial \phi}{\partial r} = \frac{\phi_{i+1,j} - \phi_{i-1,j}}{r_{i+1} - r_{i-1}} \tag{6-21}$$

将式（6-19）～式（6-21）代入泊松方程，得到式（6-22）如下：

$$\frac{\dfrac{\phi_{i,j+1} - \phi_{i,j}}{z_{j+1} - z_j} - \dfrac{\phi_{i,j} - \phi_{i,j-1}}{z_j - z_{j-1}}}{\dfrac{z_{j+1} - z_{j-1}}{2}} + \frac{\dfrac{\phi_{i+1,j} - \phi_{i,j} - \phi_{i,j}}{r_{i+1} - r_i} - \dfrac{\phi_{i,j} - \phi_{i-1,j}}{r_i - r_{i-1}}}{\dfrac{r_{i+1} - r_{i-1}}{2}} + \frac{1}{r_1}\frac{\phi_{i+1,j} - \phi_{i-1,j}}{r_{i+1} - r_{i-1}} = -\frac{\rho_{i,j}}{\varepsilon_0} \quad (6\text{-}22)$$

对式（6-22）进行变换，得到下面的等式：

$$\phi_{i,j} = a_1\phi_{i,j-1} + a_2\phi_{i,j+1} + a_3\phi_{i-1,j} + a_4\phi_{i+1,j} + a_5\rho_{i,j} \quad （6\text{-}23）$$

式中　$a_1 \sim a_5$——网格节点坐标(r,z)以及相邻节点之间的距离$(\Delta r, \Delta z)$的函数。

根据 SOR 算法，定义 n 为迭代次数，则有下面的关系式：

$$\phi_{i,j}^{n+1} = \phi_{i,j}^n + \omega\Delta\phi_{i,j}^{n+1} \quad （6\text{-}24）$$

式中　ω——超松弛因子，这里取 1.947。

轴对称结构中，对称轴上满足式（6-25）。式（6-26）是其离散化形式，将其代入式（6-23）和式（6-24），可以得到 $\phi_{2,j}^{n+1}$ 的表达式。电极表面电动势等于外加电压。

$$\frac{\partial\phi}{\partial r} = 0 \quad （6\text{-}25）$$

$$\phi_{1,j}^{n+1} = \phi_{2,j}^{n+1} \quad （6\text{-}26）$$

将利用模拟电荷法计算得到的电动势作为各个网格点的初始电动势值，进行迭代计算。直至两次迭代的误差小于 ε。

$$\left|\frac{\phi_{i,j}^{n+1} - \phi_{i,j}^n}{\phi_{i,j}^n}\right| < \varepsilon \quad （6\text{-}27）$$

在第一次计算电动势时，ε 的取值较小，在后续计算中取值可以大一些，一般取 1×10^{-4}。利用 SOR 算法求解电动势分布，平均每次迭代要计算 50~100 步方可收敛，是整个求解算法中最耗时的一步。

四、数理模型在仿真计算中的应用

实验研究中采用的"三电极"结构比较复杂，在仿真计算中，需要对其进行一定的简化，简化的"三电极"结构如图 6-1 所示。设坐标原点位于针极尖端，z 轴方向从针尖指向阴极平板。针极尖端用双曲形进行模拟，通过选择合适的形状参数，从而使得轴线上的电场分布和实际的电场分布相接近（假设有限元软件计算得到的电场表示实际的电场分布）。

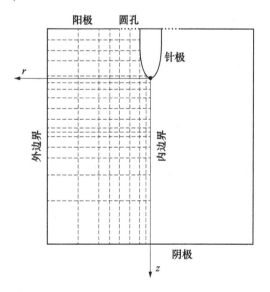

图 6-1　仿真计算中采用的简化的"三电极"结构

连续性方程的边界条件见表 6-1。针极和平板电极表面电子密度 N_e 均为零。由于在电极表面不能存在相同极性的离子，因此阳（阴）极表面正（负）离子的密度 $N_p(N_n)$ 同样为零。在相反极性的电极表面，离子密度不能发生突变。边界点上正（负）离子密度的变化量 $\Delta N_p(\Delta N_n)$ 如表 6-1 中公式所示。表 6-1 中 Δ 为计算中采用的时间步长，$N_{pb}(N_{nb})$ 为边界上的正（负）离子密度，Δz_b 为边界上的网格节点之间的距离，$v_{pex}(v_{nex})$ 为从放电间隙内部外推到边界以外的网格中点处的正（负）离子迁移速度。

表 6-1   连续性方程的边界条件

粒子种类	针极表面（$z=0$）边界条件	平板电极表面（$z=D$）边界条件
电子	$N_e = 0$	$N_e = 0$
正离子	$N_p = 0$	$\Delta N_p = -\dfrac{\Delta t N_{pb} v_{pex}}{\Delta z_b} 1$
负离子	$\Delta N_n = -\dfrac{\Delta t N_{nb} v_{nex}}{\Delta z_b}$	$N_n = 0$

泊松方程的边界条件：设坐标原点位于针极尖端，z 轴方向从针极指向阴极平板。在实验中，阳极接地时，负直流电压加在阴极平板上。为仿真计算方便起见，对其进行调整，设阳极平板加正直流电压为 V_{app}，阴极接地。此时平板间的场强分布和实验中的场强分布实质上是相同的。

针极表面的电动势 φ_{needle} 等于 V_{app} 和针极所加的脉冲电压幅值 V_{pulse} 之和，阳极表面的电动势 $\varphi_{anode} = V_{app}$。利用有限元软件计算得到，阳极平板和针之间的圆孔处电动势分布基本呈指数衰减，因此仿真计算中，边界上这一区域的电动势从 φ_{needle} 指数衰减为 φ_{anode}。阴极表面的电动势 $\phi_{cathode} = 0$，对称轴（内边界）上满足 $\partial \varphi / \partial r = 0$。通过改变参数进行尝试，确定电场计算区域外边界到对称轴之间的距离为 3cm。此时外边界上的电动势 φ 受空间电荷的影响可以忽略不计，其数值从阳极到阴极线性减小。

图 6-2 中给出了利用 SOR 算法得到的 z 轴上的电场强度 E_{SOR} 和利用有限元软件计算得到的电场强度 E_{FEM} 的分布。计算中对应的外加直流电压 V_{app} =30kV，脉冲电压 V_{pulse} =3kV。从图中可以看出，当针极的形状参数选择合适时，E_{SOR} 和 E_{FEM} 吻合得较好。由于计算中采用的简化"三电极"结构和实际的"三电极"结构不完全相同，导致电场计算的边界条件和实际的边界条件略有差异，因此 E_{SOR} 随着 z 坐标的增大，衰减的速度比 E_{FEM} 衰减的速度要略快一些。

仿真计算中，空间背景辐射导致的电子和正离子的产生速率 $S_0 = 10^7 /$（$m^3 \cdot s$）。针尖上施加的脉冲电压采用一个矩形方波进行模拟，设其持续时间为 T_{pulse}。令脉冲电压外加到针尖上的时间为仿真计算的起始时刻，此时 $t=0$。当 $t > T_{pulse}$ 之后，针尖上不再施加脉冲电压，

此时 $V_{\text{pulse}} = 0$，针极表面的电动势 ϕ_{needle} 等于外加直流电压 V_{app}。假设空间某处电离同时辐射发出的光的强度 $\psi(z,t)$ 正比于该处电离活动的强度，如式（6-28）所示。得到的光发射强度只有相对意义，因此用归一化的数值进行表示。

$$\psi(z,t) = N_e(z,t)\alpha(z,t)|v_e(z,t)| \qquad （6\text{-}28）$$

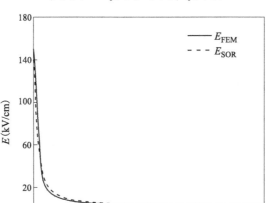

图 6-2　两种方法计算得到的沿 z 轴的电场分布

仿真模型中的 α、η、μ 等参数均可表示成场强和气压比值（E/P）的函数，各个参数在空气中的计算公式可见式（6-29）～式（6-31），考虑了空气中不同气体分子的作用。其中水蒸气的处理方法如下：含有水蒸气的空气中某一参数（如 α）的值可以用干空气和水蒸气中对应参数（分别用 α_d、α_w 表示）的加权相加得到，如下所示：

$$\alpha = \frac{p_d}{p}\alpha_d + \frac{p_w}{p}\alpha_w \qquad （6\text{-}29）$$

$$\eta = \frac{p_d}{p}\eta_d + \frac{p_w}{p}\eta_w \qquad （6\text{-}30）$$

$$\mu = \frac{p_d}{p}\mu_d + \frac{p_w}{p}\mu_w \qquad （6\text{-}31）$$

式中　P_d、P_w ——其中干空气、水蒸气的分压；

　　　P　　——总的气压，$P = P_w + P_d$。

P_w 和绝对湿度 H 的关系通过查饱和蒸气压表计算得到。干空气 α_d、η_d、μ_d 的计算公式考虑了空气中 N_2、O_2 等分子的共同作用。

第二节　不同湿度下空气中流注传播特性的仿真结果

一、流注传播过程

根据本章第一节所述的流注放电数理模型及计算方法，仿真计算得到一组流注传播的典型数据如图 6-3 和图 6-4 所示。图 6-3 反映了流注在向阴极板传播过程中，不同时刻流注通道内的电子密度 N_e、正离子密度 N_p、负离子密度 N_n 的分布情况。图 6-4 反映了流注传播过程中，不同时刻流注通道内电场强度的分布情况。

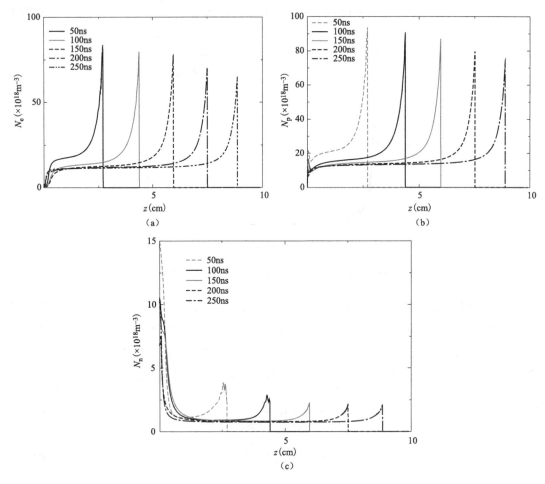

图 6-3 不同时刻流注通道内带电粒子密度分布

（a）电子；（b）正离子；（c）负离子

由图 6-3 可见，随着流注放电的持续进行，流注逐步向阴极板方向传播。在传播过程中流注通道内的电子密度 N_e、正离子密度 N_p、负离子密度 N_n 的最大值呈持续下降的趋势。并且在流注传播的过程中，电子密度 N_e 的最大值始终在 $7 \times 10^{19} \sim 1 \times 10^{20} \mathrm{mol/m^3}$ 区间，正离子密度 N_p 的最大值始终在 $8 \times 10^{19} \sim 1 \times 10^{20} \mathrm{mol/m^3}$ 区间，负离子密度 N_n 的最大值始终在 $2 \times 10^{18} \sim 5 \times 10^{18} \mathrm{mol/m^3}$ 区间。经比对发现，N_e、N_p、N_n 的最大值无论是变化趋势还是所在区间范围均与其他学者得到的结果一致，因此证明本章所建模型能准确反映流注的传播过程。对图 6-4 进行分析，在流注向阴极板传播的过程中流注通道内的电场强度最大值也是呈下降趋势，并且最大电场强度 $E_{\max}$ 始终在 $10000 \sim 15000 \mathrm{kV/m}$ 区间。流注通道内电场强度的变化情况同样与试验结果一致，进一步证明了本章建立的流注放电数理仿真模型的准确性。

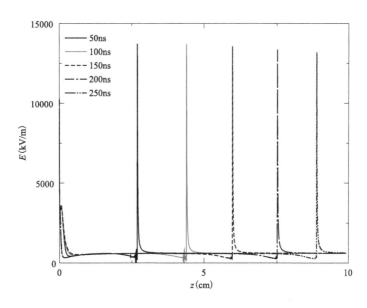

图 6-4 流注放电中不同时刻电场强度分布

二、流注传播速度

通过分析图 6-3 和图 6-4，可以观察到流注通道内的正负离子密度最大值和电场强度最大值始终位于流注头部，因此认为最大离子密度和最大电场强度所在位置为流注头部。仿真中流注传播速度的计算方法与试验中保持一致，流注的传播速度为流注的传播距离（即流注头部所在位置）与传播所需时间的比值。不同湿度下流注传播速度与电场关系如图 6-5 所示，可以发现无论是仿真计算结果还是试验测量结果，随着电场强度的增大，流注的传播速度逐渐增大，随着湿度的增加，流注的传播速度逐渐减小。

观察图 6-5 所示结果，可以发现，在构建流注数理模型时，如果仅考虑单一流注通道且假设其直径固定为 250μm，而不考虑流注传播过程中可能出现分叉而导致直径发生变化的情况，那么在不同湿度条件下，仿真计算得到的流注传播速度与试验测量数据之间会出现显著误差。因此，在构建流注数理模型时，必须考虑到流注通道直径的变化情况。图 6-6 是利用 ICCD 高速相机拍摄到的真实流注放电通道，可以看到随着电场强度的增大，流注通道的直径是不断增大的。并且也有相关研究证明，当电场强度增大时，流注通道直径会增大。因此，假设流注通道直径是恒定的显然不符合实际工程情况。所以本书将假设放电过程中流注通道直径是随电场的强度变化而变化的，通过在不同电场强度下，选择合适的流注通道直径，将仿真计算得到的流注传播速度与试验结果相比，两者之间误差小于 5%，远低于恒定直径模型与试验结果的误差。

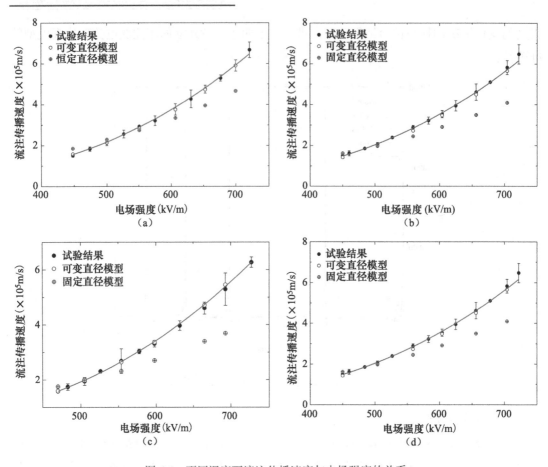

图 6-5　不同湿度下流注传播速度与电场强度的关系

（a）湿度 9.04g/m³；（b）湿度 11.60g/m³；（c）湿度 14.85g/m³；（d）湿 17.92g/m³

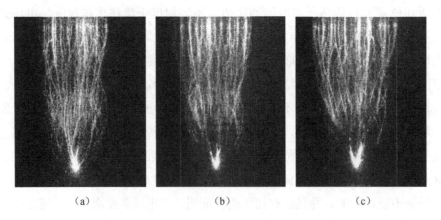

图 6-6　不同电场下的流注通道形状

（a）580kV/cm；（b）630kV/cm；（c）680kV/cm

三、流注放电通道直径

在不同湿度条件下，流注通道的直径存在差异，不同湿度下流注通道直径与电场强度的关系如图 6-7 所示。从图 6-7 可以看出，随着电场强度的增大流注通道直径近似呈线性增大趋势，与其他学者的结论一致。进一步分析图 6-7 还可以发现，虽然流注通道直径随湿度的变化而变化，但其始终保持在 0.2～0.4mm 范围内，这与其他学者的结论同样一致。不同湿度下有效电离系数与电场强度的关系如图 6-8 所示。可以看到随着电场强度的增大有效电离系数不断增大，并且当电场强度大于 30kV/cm 时，随着湿度的增大，有效电离系数也相应增大。因此，结合图 6-7 和图 6-8 的分析，可以得到如下结论：随着电场强度的增大，流注头部的碰撞电离能力增大，从而导致流注通道直径随电场强度的增大而增大；当电场强度大于 30kV/cm 时，随湿度的增大，流注头部的碰撞电离能力也增大，使得流注通道直径随湿度的增大而增大。

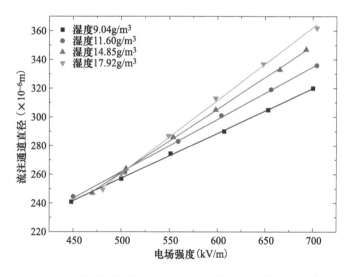

图 6-7 不同湿度下流注放电通道直径与电场强度的关系

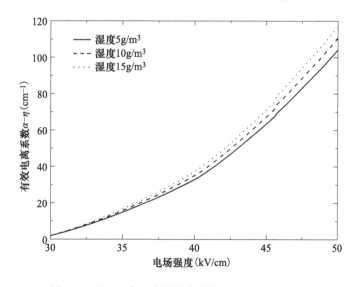

图 6-8 不同湿度下有效电离系数与电场强度的关系

在分析图 6-5 时可以看出，随着湿度的增加，流注的传播速度减小。具体原因在第五章已经作出过分析，主要是由于水分子的电负极性比空气分子高，因此水分子更容易与电子相结合，形成更稳定的离子基团，从而导致附着系数的增加，不利于流注放电过程的发展，所以空气湿度的增加会使流注的传播速度减小。特别是电场强度较小时，这种影响尤为严重，结合图 6-7 和图 6-8 也可以看出，电场小于 30kV/cm 时空气中有效电离系数随湿度的增大而减小。由于在三电极结构中流注传播的电场强度较小，基本是在 5～7kV/cm 之间，因此随湿度的增加，流注的传播速度减小。

利用图 6-7 中不同湿度下流注通道直径与电场强度关系的数据，拟合出流注通道直径 D 与湿度 H 和电场 E 之间的数理关系式如式（6-32）所示。通过式（6-32）可以对所构建的流注放电数理模型进行优化，在仿真计算时根据湿度和电场强度的不同，可以选择相匹配的流注通道直径，从而有效减小仿真计算结果与试验结果之间的误差，可以将误差控制在 5%以内。该公式在后续研究中可以为不同湿度下流注放电数理模型的建立提供理论支持依据，为电力设备的绝缘设计提供参考。

$$D = \frac{E - 540}{100}(2H + 12) + 265.82 \qquad （6-32）$$

四、流注传播场强

仿真计算流注传播场强时，若上下两极板间施加的电场强度刚好能使初始流注传播到阴极板，则认为此时的电场强度为流注的稳定传播场强。分别采用流注通道的恒定直径模型和可变直径模型，仿真计算了不同湿度条件下的流注稳定传播场强，如图 6-9 所示。

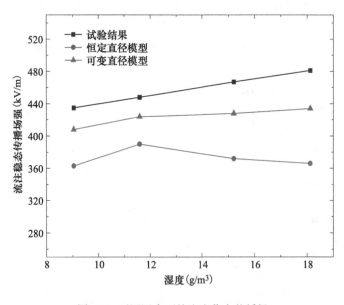

图 6-9　不同湿度下的流注稳态传播场

由图 6-9 可知，随着湿度的增加，流注的稳定传播场强增大。这也是由于水分子的存在增加了附着系数，阻碍了流注的发展，特别是在低电场强度下。从图中还可以发现，采用流注通道恒定直径模型的仿真计算结果与试验结果的误差明显大于可变直径模型的仿真计算结果与试验结果的误差，因此可以看出，在建立流注放电的数理模型时，采用流注通道可变直径模型的将极大提高仿真计算结果的精度，对电力系统外绝缘设计运行将起到更大的作用。

🎛 第三节　不同气压下空气中流注传播特性的仿真结果

一、流注传播过程

将空气压力改变为 0.06MPa，在上下两个极板之间的电场强度为 300.3kV/cm 的条件下，利用流注放电数理模型计算出流注传播过程中通道内电子密度 N_e、正离子密度 N_p、负离密度 N_n 的分布如图 6-10 所示，同时计算出流注通道内电场强度 E 的分布如图 6-11 所示。

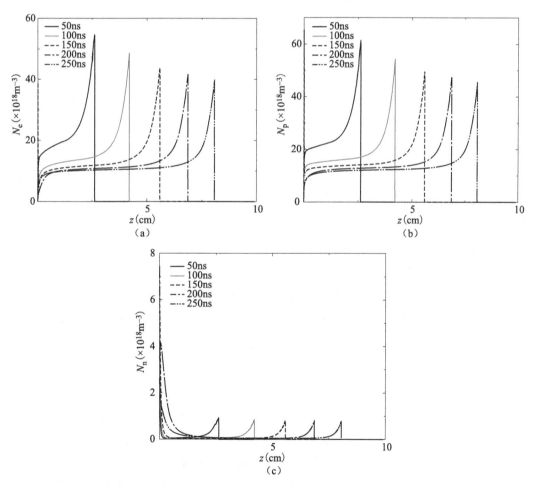

图 6-10　流注通道内电子、正离子、负离子的密度分布

（a）电子；（b）正离子；（c）负离子

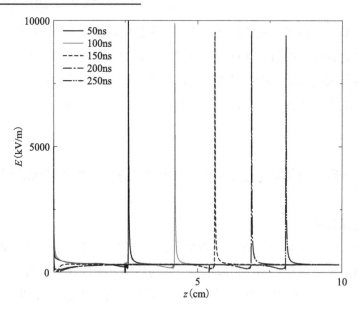

图 6-11　流注通道内电场强度 E 的分布

结合图 6-10 和图 6-11 分析可知，在放电过程中，流注通道内的电子密度 N_e、正离子密度 N_p、负离子密度 N_n 的峰值始终在 $2×10^{18}$～$1×10^{20}$mol/m³ 之间，电场强度的峰值范围为 10000～15000kV/m，上述根据流体模型仿真计算得到的数据范围与其他学者的研究结果一致，从而也证明了本章中的流注放电数理模型符合不同气压下流注放电参数的计算，具备有效性和精度性。与上一节不同湿度下流注传播速度的计算方法相同，用流注头部的位移距离除以时间差值计算出流注的传播速度，在计算过程中，同样认为当上下两极板间施加的电场强度，若刚好能使初始流注传播到阴极板，那么这一电场强度即为流注的稳定传播场强。

二、流注传播速度

不同气压下流注传播速度与电场的关系如图 6-12 所示，在相同气压条件下随着电场强度的增大，流注的传播速度逐渐增大，在相同电场强度下流注的传播速度随气压的增加而降低。流注传播速度随电场强度同步增大的原因在上一节已经作了详细论述，流注传播速度随气压降低的原因主要是由于空气中的自由电子在低气压下自由行程增加，流注头部的碰撞电离效应增加，促进了流注的发展和传播。

通过对图 6-12 的研究分析可以看出，若采用恒定直径的流注放电数理模型，在不同气压下仿真计算得到的流注传播速度数据与试验方式测量得到的流注传播速度数据之间存在着显著的差异。并且根据相关资料表明，在不同气压下、不同电场强度下流注通道的直径是不同的，并且图 6-6 也证明了当电场强度不同时，流注通道的直径也会不同。因此，流注通道的直径随电场和气压的变化而变化，在研究气压对流注放电影响时也不能将流注通道直径设为一个恒定值。本节建立了流注放电的可变直径模型，在不同空气压力和电场强度下选择合适的流注通道直径，仿真计算出流注传播速度结果如图 6-12 所示，采用可变直径模型计算得到的流注传播速度与试验数据的误差小于 5%。

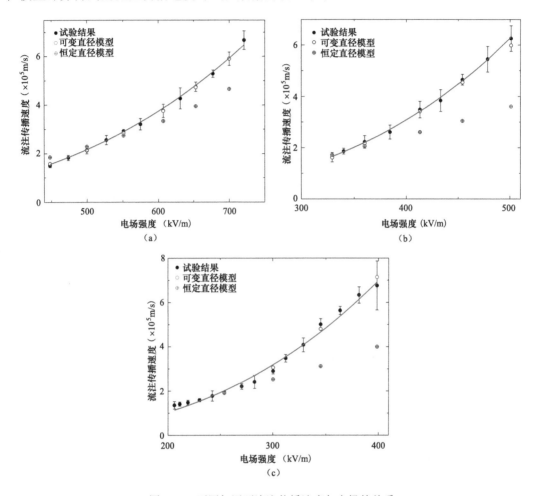

图 6-12 不同气压下流注传播速度与电场的关系

（a）气压 0.10MPa；（b）气压 0.08MPa；（c）气压 0.06MPa

三、流注放电通道直径

不同气压下流注通道直径与电场强度的关系如图 6-13 所示，不同气压下有效电离系数与电场的关系如图 6-14 所示。通过对图 6-13 进行分析发现，仿真计算中流注通道直径均在 0.2～0.4mm 范围内，这同样与其他研究者的结论一致。并且从图 6-13 中还可以发现，不同气压下流注放电通道直径也是随电场强度的增加而线性增加。根据 6-14 可以看出，不同气压下流注通道直径随电场强度增大的原因与不同湿度下的原因相同，主要由于电场的作用从而增加了空气中有效电离系数，进而导致了流注通道直径的增大。

根据图 6-14 还可以发现，空气中的有效电离系数与气压呈负相关性，这是由于与高气压环境相比电子在低气压下自由行程将增加，流注头部的碰撞电离效应将增强，促进了流注的发展和传播，从而导致流注通道直径增大，因此在图 6-13 中可以看到气压与流注通道直径成反比。

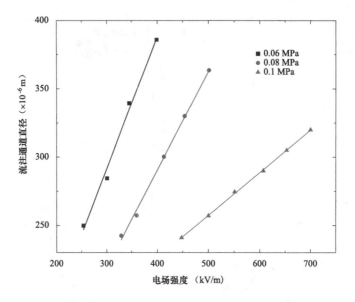

图 6-13　不同气压下流注通道直径与电场强度的关系

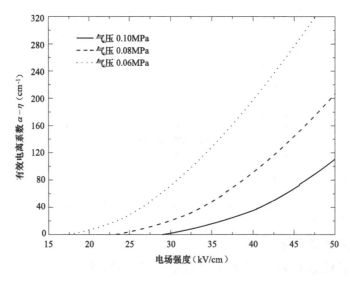

图 6-14　不同气压下有效电离系数与电场的关系

对利用流注放电可变直径模型计算得到的气压 P、电场 E 与流注通道直径 D 关系的数据进行拟合，得到流注放电通道直径 D 的数理关系如式（6-33）所示。由于采用可变直径模型计算得到的误差明显小于恒定直径模型的误差，因此在仿真计算流注放电参数时，可以利用式（6-33）进行流注放电通道直径的选取，从而能有效减小仿真计算结果与试验结果的误差。

$$D = 0.1238(16.32P - 0.6394)^2 + \frac{E - 17.32}{1000}(16.32P - 0.6394) + 595.34 \qquad (6\text{-}33)$$

四、流注传播场强

通过流注放电数理仿真计算和试验测量方法得到了不同气压下流注稳定传播场强，如图 6-15 所示。根据图 6-15 可知，随着气压的升高，流注放电的稳定传播场强增大，其原因是在高气压下，电子的自由行程减小，从而导致流注放电过程中头部的碰撞电离减弱，因此需要更大的稳定传播场强来使流注继续向前传播。从图 6-15 中也可知，流注放电采用恒定直径模型计算得到的数据与试验数据间存在较大的差异，采用可变流注通道直径仿真模型计算得到的稳定传播场强与试验结果吻合较好，这也进一步验证了不同气压下的流注通道直径是不同的。

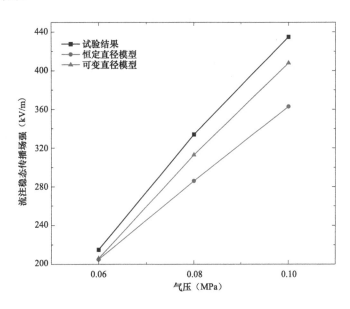

图 6-15 不同气压下流注稳态传播电场

因此，本节创新地构建了一个适用于不同气压条件下的流注放电数理模型，该模型考虑了流注直径存在变化的情况。这一模型为低压下流注放电的特性参数提供了精确计算结果，对于不同气压环境下电力系统的外部绝缘的设计与运行具有重要参考价值。

总之，本章建立了不同气压不同湿度情况下的可变直径流注放电数理仿真模型，其可应用于复杂环境电力系统绝缘材料沿面闪络放电事故事件的现场分析和诊断，提升复杂环境中特高压套管、绝缘子、干式电抗器等关键设备绝缘设计和运维水平。不同气压不同湿度情况下的可变直径流注放电数理仿真模型也可用于复杂环境中电力设备绝缘的设计和选型，制定合理的电力设备绝缘沿面闪络防治措施，为复杂环境中超特高压输电工程的设计和建设提供理论基础和技术支持，推动输变电技术的进步与电工学科的发展。

📊 第四节 本　章　小　结

本章基于三电极结构建立了流注放电的数值理论仿真计算模型，研究了空气中湿度和气压对流注放电过程的影响。深入分析了流注传播过程、流注传播速度、流注通道直径、流注稳态传播电场与湿度、气压的关系，并分别提出了流注通道直径与气压和电场、湿度和电场的数理关系。具体结论如下：

（1）仿真计算结果表明，在相同电场条件下，随着湿度的增加，流注传播速度减小，流注稳定传播场强增大。随着气压的升高，流注传播速度减小，流注稳定传播场强增大。

（2）通过研究分析，流注放电恒定直径模型的仿真计算结果与试验结果的误差大于可变直径模型的仿真计算结果与试验结果的误差。本章利用可变直径模型计算的流注传播场强与实验结果的误差在 5%以内。

（3）流注通道直径随电场的增大近似线性增大；随湿度的增加流注通道直径显著增大；随气压的减小流注通道直径增大。

（4）对仿真计算得到的流注通道直径数据进行总结，分别拟合出湿度与电场、气压与电场变量对流注通道直径影响的数理关系公式，对电力设备的外绝缘设计有着重要参考意义。

第七章

未来研究方向与展望

本书对绝缘介质表面流注发展机理进行了大量的试验研究和仿真计算研究。揭示了绝缘材料表面流注放电高时空演变物理机理，深入分析了绝缘材料介电常数、表面状况、伞裙结构等材料性能对沿面流注放电的影响机理，探索了绝缘材料表面陷阱电荷和流注放电中空间电荷交互作用的机理，为电力设备绝缘选材和伞裙结构设计提供了理论支撑。通过研究不同环境因素下绝缘材料表面流注放电高时空演变物理过程，获得了环境因素对绝缘材料表面流注放电关键物理参量的影响，掌握了环境因素对流注头部碰撞电离效应和通道内电荷输运微观物理过程的影响机理，为复杂环境下电力设备外绝缘的设计提供了理论支撑。创新性地提出了气压、湿度与流注通道直径之间的数理关系，基于流体模型建立了高时空分辨率的流注放电数理模型，将数理模型误差降低到 5% 以内，为完善绝缘介质沿面放电机理和数理模型提供了理论依据。绝缘介质表面流注放电的机理复杂，影响因素众多，仍有许多问题有待进一步探索：

（1）流注放电的微观机理：本书主要从宏观角度分析流注放电的发展特性，未来研究可以进一步深入探讨流注放电的微观机理，如空间电荷分布、介质表面电荷参与放电过程的微观机理、介质表面光致电子发射的微观机理、流注头部光电离的微观物理过程等。

（2）材料性能对流注放电的影响：不同绝缘材料对流注放电的影响存在差异，未来可以针对更多种类的材料进行研究，探索新型纳米材料对流注放电特性的影响，进一步总结材料性能对流注放电特性的影响规律。

（3）环境因素的影响：本书深入研究了气压和湿度对流注放电的影响规律，未来可以进一步考察其他环境因素，如温度、雾霾、覆冰、大雨等，对流注放电的影响规律。

（4）数理模型的完善：本书提出了 1.5 维的流注放电流体数理模型，但仍存在一定误差，未来可以通过引入更多的物理机制和参数，进一步完善和优化数理模型，实现 3 维流注放电演变过程的精确仿真模拟。

（5）应用研究的拓展：本书主要针对输变电设备的外绝缘沿面流注放电特性进行研究，未来可以将研究拓展到更多的应用场景，如变压器、开关设备的内绝缘流注放电特性等，进一步提高电网设备绝缘设计和制造水平。

通过未来持续的研究和探索，我们相信可以更深入地理解绝缘介质表面流注放电的机理，为电力系统的安全稳定运行提供坚实的理论基础和技术支撑。

参 考 文 献

［1］关志成，刘瑛岩，周远翔，等. 绝缘子及输变电设备外绝缘. 北京：清华大学出版社，2006.

［2］Meek J M, Craggs J D. Electrical Breakdown of gases. Oxford: Clarendon Press, 1953.

［3］Raether H. Electron avalanches and breakdown in gases. London: Butterworths, 1964.

［4］Allen N L, Mikropoulos P N. Dynamics of streamer propagation in air. Journal of Physics D:Applied Physics, 1999,32(8): 913-919.

［5］Morrow R, Lowke J J. Streamer propagation in air. Journal of Physics D:Applied Physics, 1997,30(4): 614-627.

［6］Allen N L, Mikropoulos P N. Streamer propagation along insulating surfaces. IEEE Transactions on Dielectrics and Electrical Insulation, 1999,6(3): 357-362.

［7］Akyuz M, Gao L, Cooray V, et al. Positive streamer discharges along insulating surfaces. IEEE Transactions on Dielectrics and Electrical Insulation, 2001,8(6): 902-910.

［8］Allen N L, Hashem A, Rodrigo H, et al. Streamer development on silicone-rubber insulator surfaces. IEE Proceedings -Science, Measurement and Technology, 2004,151(1): 31-38.

［9］Pritchard L S, Allen N L. Streamer propagation along profiled insulator surfaces. IEEE Transactions on Dielectrics and Electrical Insulation, 2002,9(3): 371-380.

［10］Pancheshnyi S, Nudnova M, Starikovskii A. Development of a cathode-directed streamer discharge in air at different pressures: Experiment and comparison with direct numerical simulation. Physical Review E, 2005,71(016407): 1-12.

［11］Aleksandrov N L, Bazelyan E M. Temperature and density effects on the properties of a long positive streamer in air. Journal of Physics D: Applied Physics, 1996,29(11): 2873-2880.

［12］Mikropoulos P N, Stassinopoulos C A, Sarigiannidou B C. Positive Streamer Propagation and Breakdown in Air: the Influence of Humidity. IEEE Transactions on Dielectrics and Electrical Insulation, 2008,15(2): 416-425.

［13］Hui J F, Guan Z C, Wang L M, et al. Variation of the dynamics of positive streamer with pressure and humidity in air. IEEE Transactions on Dielectrics and Electrical Insulation, 2008,15(2): 382-389.

［14］Ndiaye I, Farzaneh M, Fofana I. Study of the development of positive streamers along an ice surface. IEEE Transactions on Dielectrics and Electrical Insulation, 2007,14(6): 1436-1445.

［15］Mikropoulos P N. Streamer propagation along room-temperature-vulcanised silicon-rubber-coated cylindrical insulators. IET Science, Measurement and Technology, 2008,2(4): 187-195.

［16］Gao L, Akyuz M, Larsson A, et al. Measurement of the positive streamer charge. Journal of Physics

D:Applied Physics, 2000,33(15): 1861-1865.

[17] Janda M, Machala Z, Niklova A, et al. The streamer-to-spark transition in a transient spark: a dc-driven nanosecond-pulsed discharge in atmospheric air. Plasma Sources Science and Technology, 2012,21 (045006): 1-9.

[18] Georghiou G E, Morrow R, Metaxas A C. The effect of photoemission on the streamer development and propagation in short uniform gaps. Journal of Physics D:Applied Physics, 2001,34(2): 200-208.

[19] Serdyuk Y V, Larsson A, Gubanski S M, et al. The propagation of positive streamers in a weak and uniform background electric field. Journal of Physics D:Applied Physics, 2001,34(4): 614-623.

[20] Kulikovsky A A. Positive streamer between parallel plate electrodes in atmospheric pressure air. Journal of Physics D:Applied Physics, 1997,30(3): 441-450.